河南省"十四五"普通高等教育规划教材

工程制图习题集

主编 刁修慧 焦芳敏
参编 陈 韵 胡新颖 王鹏飞

机械工业出版社

本习题集与刁修慧、焦芳敏主编的《工程制图》教材配套使用，本套教材是河南省"十四五"普通高等教育规划教材。

本习题集的主要内容包括制图的基本知识、正投影法、立体的投影、组合体、轴测图、机件的表达方法、常用零部件和结构要素表示法、零件图、装配图、电气工程图、AutoCAD 基础和 SOLIDWORKS 基础，各部分均有一定数量难度不同的习题可供选择，习题类型有作图题、改错题、填空题、选择题等。

本习题集配套有全部习题答案，选用本习题集的教师可从机械工业出版社教育服务网（www.cmpedu.com）下载。部分重点、难点习题对应的三维模型在习题集中以二维码的形式呈现，以便学生理解。

本习题集可作为普通高等学校近机械类、非机械类各专业"工程制图"课程教材的配套习题集，也可供高等及中等职业院校的师生和相关领域的工程技术人员参考。

图书在版编目（CIP）数据

工程制图习题集/刁修慧，焦芳敏主编. —北京：机械工业出版社，2022.5（2024.9 重印）

河南省"十四五"普通高等教育规划教材
ISBN 978-7-111-70397-6

Ⅰ.①工… Ⅱ.①刁… ②焦… Ⅲ.①工程制图-高等学校-习题集 Ⅳ.①TB23-44

中国版本图书馆 CIP 数据核字（2022）第 045571 号

机械工业出版社（北京市百万庄大街 22 号　邮政编码 100037）
策划编辑：王勇哲　　　　　责任编辑：王勇哲
责任校对：李　婷　王明欣　封面设计：张　静
责任印制：常天培
北京华宇信诺印刷有限公司印刷
2024 年 9 月第 1 版第 5 次印刷
260mm×184mm・9.5 印张・119 千字
标准书号：ISBN 978-7-111-70397-6
定价：30.00 元

电话服务　　　　　　　　　网络服务
客服电话：010-88361066　　机　工　官　网：www.cmpbook.com
　　　　　010-88379833　　机　工　官　博：weibo.com/cmp1952
　　　　　010-68326294　　金　书　网：www.golden-book.com
封底无防伪标均为盗版　　　机工教育服务网：www.cmpedu.com

前　言

本习题集与刁修慧、焦芳敏主编的《工程制图》教材配套使用。本套教材是河南省"十四五"普通高等教育规划教材。本习题集根据教育部高等学校工程图学课程教学指导分委员会2019年制定的《高等学校工程图学课程教学基本要求》，参考同类教材，结合编者多年的教学经验及近年来的教学改革实践成果编写而成。

本习题集的编写顺序与配套教材完全一致，主要内容包括制图的基本知识、正投影法、立体的投影、组合体、轴测图、机件的表达方法、常用零部件和结构要素表示法、零件图、装配图、电气工程图、AutoCAD 基础和 SOLIDWORKS 基础，各部分均有一定数量难度不同的习题可供选择，习题类型有作图题、改错题、填空题、选择题等。

本习题集中的题目一般可直接在原题上作图，有的需要用规定的图纸另行完成，也有的需要用 AutoCAD、SOLIDWORKS 软件来完成。

本习题集由刁修慧、焦芳敏任主编，陈韵、胡新颖、王鹏飞参与编写。具体编写分工：刁修慧编写第 1~3 章，焦芳敏编写第 4、5 章，陈韵编写第 6、7 章，胡新颖编写第 8、9 章，王鹏飞编写第 10~12 章。

限于编者水平，本习题集中难免存在错漏、不当之处，敬请广大读者批评指正。

编　者

目 录

前言

第 1 章　制图的基本知识 …………………………… 1

第 2 章　正投影法 …………………………………… 10

第 3 章　立体的投影 ………………………………… 16

第 4 章　组合体 ……………………………………… 25

第 5 章　轴测图 ……………………………………… 37

第 6 章　机件的表达方法 …………………………… 40

第 7 章　常用零部件和结构要素表示法 …………… 53

第 8 章　零件图 ……………………………………… 58

第 9 章　装配图 ……………………………………… 62

第 10 章　电气工程图 ………………………………… 68

第 11 章　AutoCAD 基础 …………………………… 70

第 12 章　SOLIDWORKS 基础 ……………………… 72

参考文献 ………………………………………………… 74

第 1 章 制图的基本知识

| 1-1 字体 | 班级　　姓名　　学号 | 1 |

机械制图数控模具热处理表面粗糙度工作原理

机械制图表面粗糙度工作原理材料齿轮弹簧键销滚动轴承

0123456789ØABCDEFGHIJKLMNOPQRSTUVWXYZ

abcdefghijklmnopqrstuvwxyz技术要求倒角时效处理齿轮弹簧

| 1-2　图线 | 班级　姓名　学号 | 2 |

在指定位置抄画下列图线。

| 1-3 标注各类尺寸 | 班级　　姓名　　学号 | 3 |

1. 标注图中的线性尺寸。

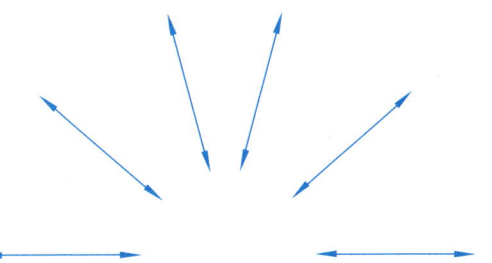

2. 标注图中的角度。

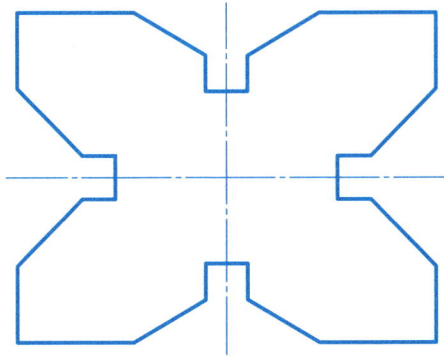

3. 标注图中的直径。

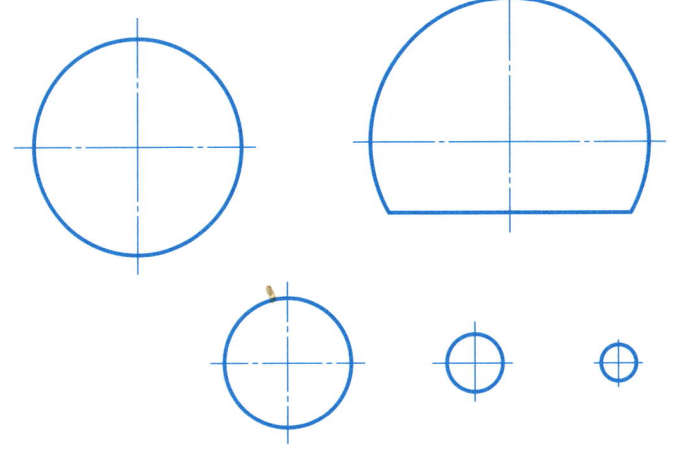

4. 标注图中的半径。

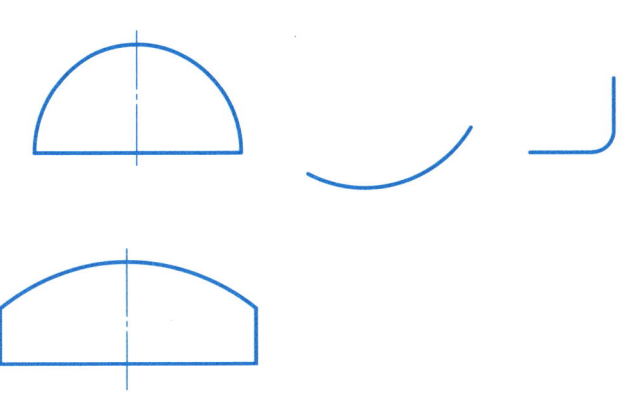

1-4　按要求完成尺寸标注	班级　　姓名　　学号	4

1. 分析左图中的错误，并在右图中正确标注。

(1)

(2)

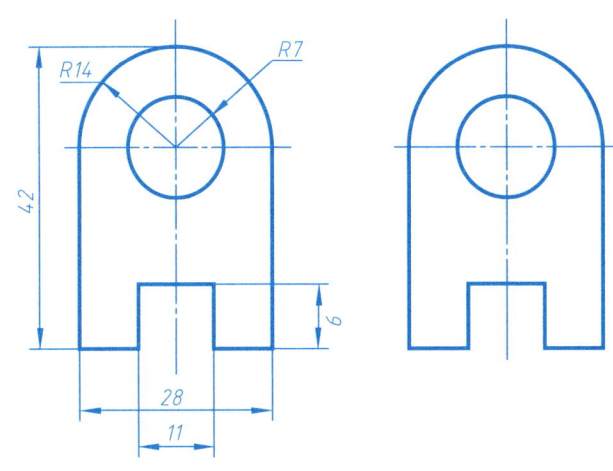

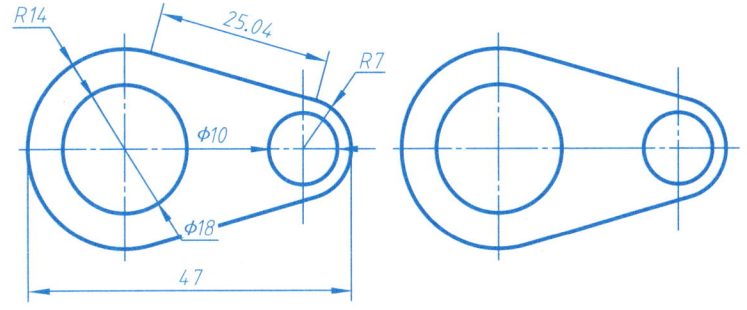

2. 参照所给图形的尺寸，以 1:1 的比例画出图形，并标注尺寸。

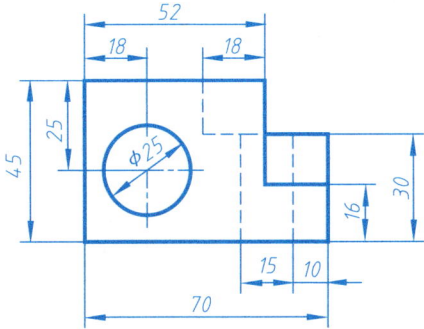

| 1-5 | 平面图形尺寸标注（尺寸从图中按1:1的比例量取） | 班级　　姓名　　学号 | 5 |

1.

2.

3.

4.

| 1-6　几何作图 | 班级　　姓名　　学号 | 6 |

1. 作圆的内接正方形。

2. 作圆的内接正五边形。

3. 作圆的内接正六边形。

4. 作斜度。

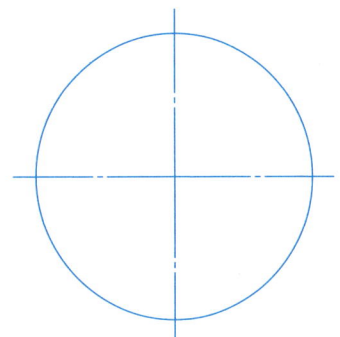

5. 作锥度。

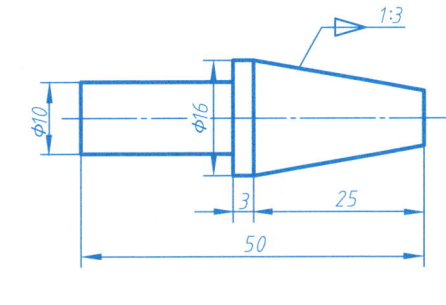

6. 根据已知图形标注锥度、斜度。

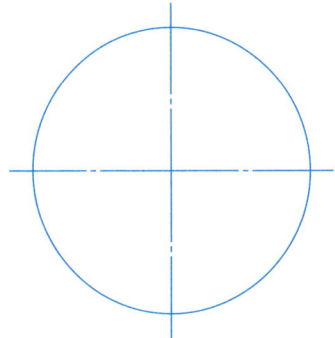

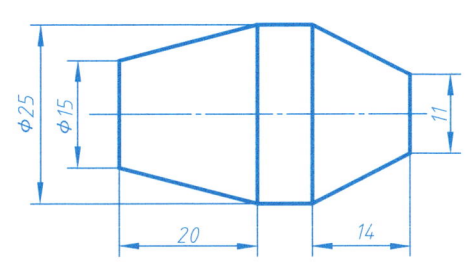

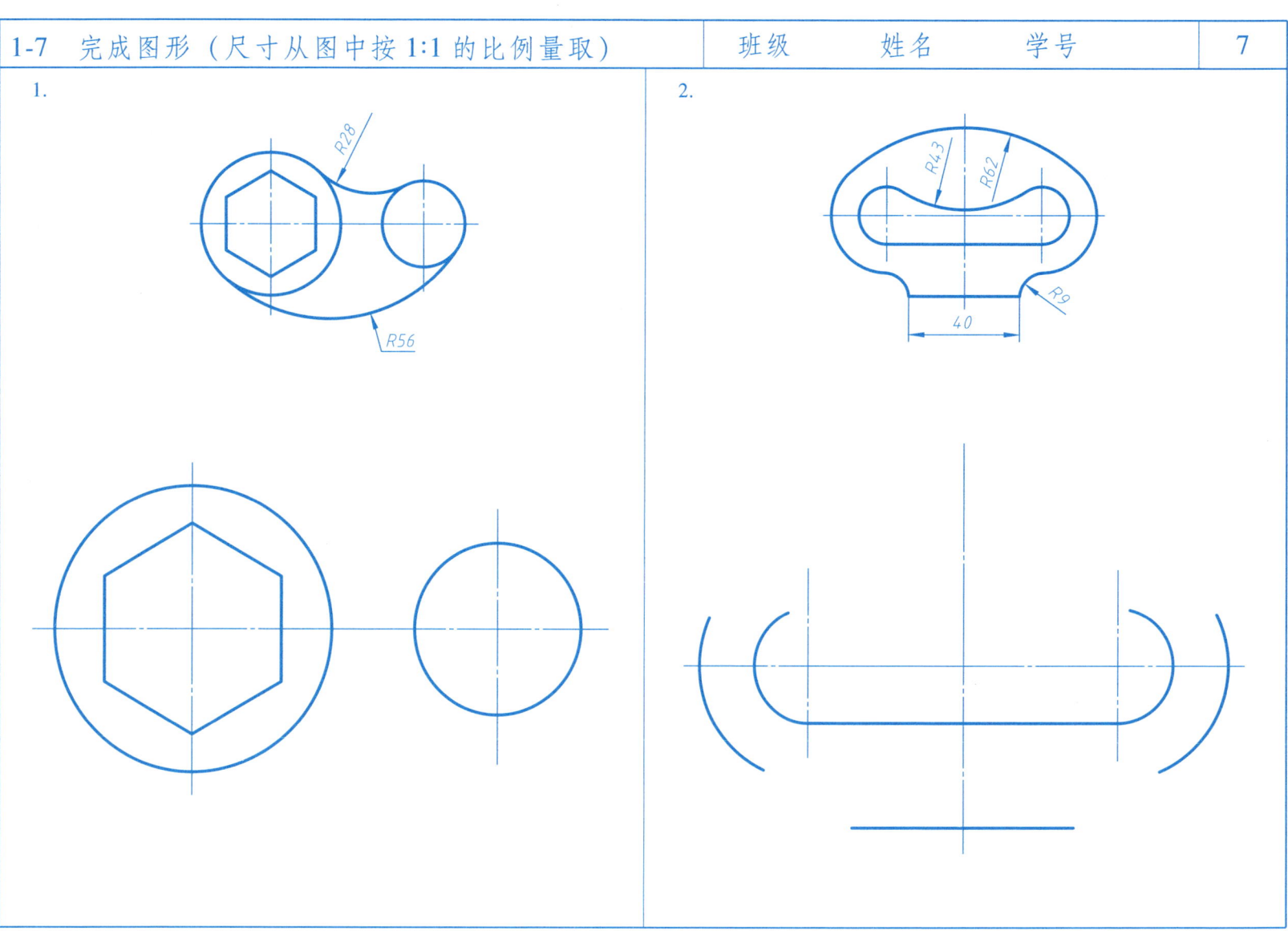

1-8 基本练习（一）

班级　　姓名　　学号　　8

习题指导

1. 目的

初步掌握国家标准《机械制图》和《技术制图》的内容，学会绘图仪器和工具的使用方法。

2. 内容

1）抄画线型（不标注尺寸）。

2）抄画零件轮廓（任选一个图形，并标注尺寸）。

3. 要求

图形正确，线型合格，布局适当，字体工整，连接光滑，图面整洁。

4. 图名、图纸幅面、比例

图名：基本练习。

图纸幅面：A3。

比例：1:1。

5. 注意事项

1）绘图前对所画图形进行分析研究，确定正确的作图步骤，要特别注意圆弧连接中切点的位置必须正确作出。

2）图面应居中布局，图形之间的间隔应适当，还应注意预留标注尺寸的空间。

3）标题栏中图名和图号用10号字，姓名应填写在设计栏后，并注明日期。尺寸标注用3.5号字。

1. 线型练习。

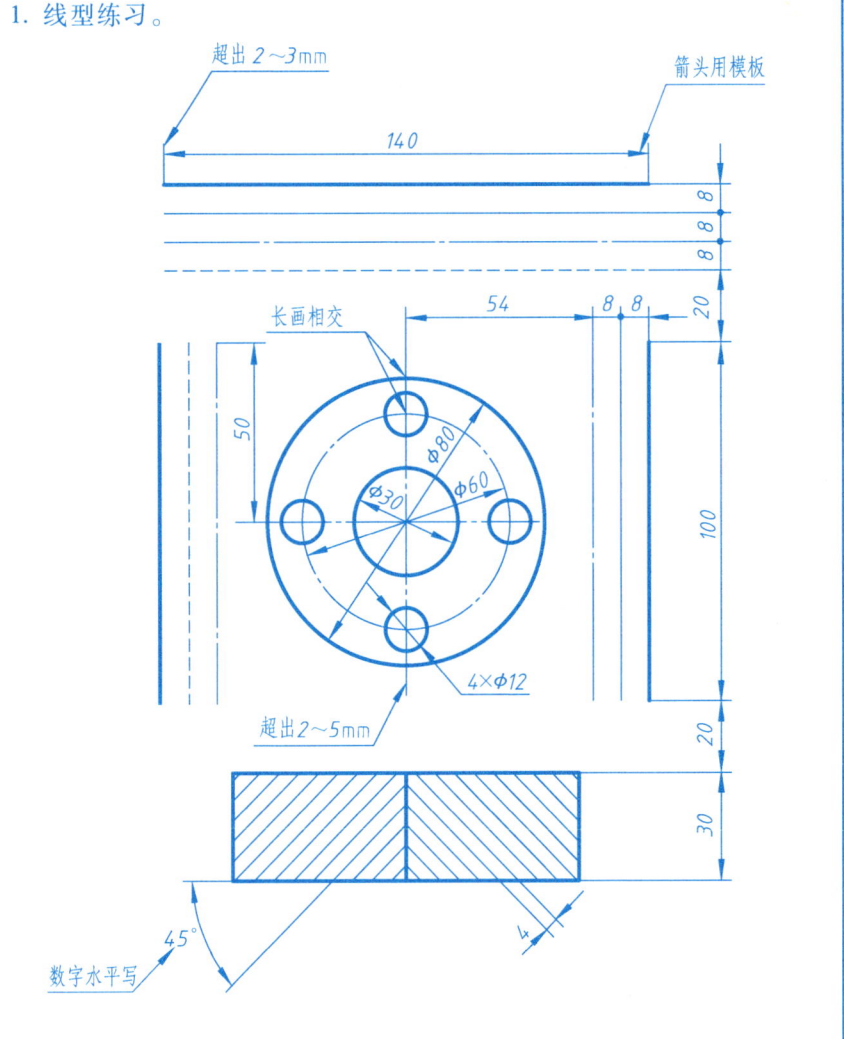

1-8 基本练习（二）

2. 零件轮廓练习。
(1)　　　　　　　　　　　　　　　　　　　　(2)

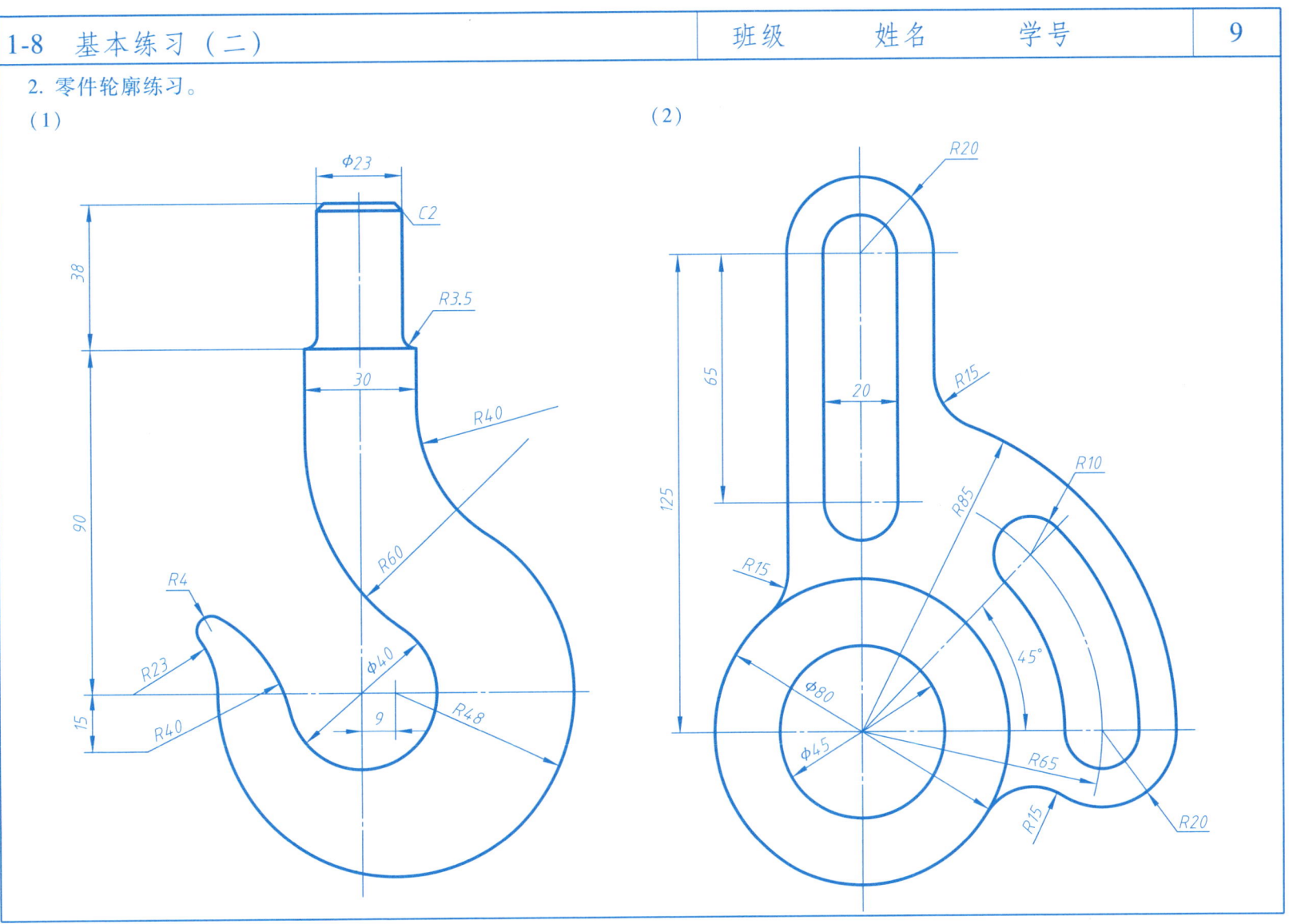

第 2 章 正投影法

2-1 点的投影（一）

1. 已知 A、B 两点的两面投影，求作这两点的第三面投影。

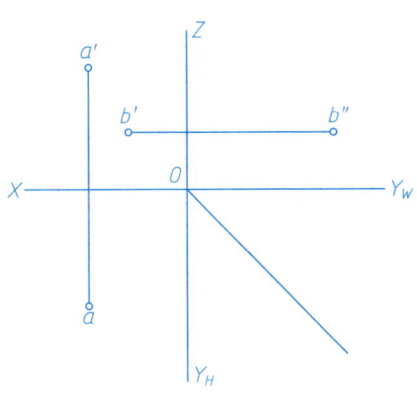

2. 已知 A、B 两点的两面投影，求作这两点的第三面投影。

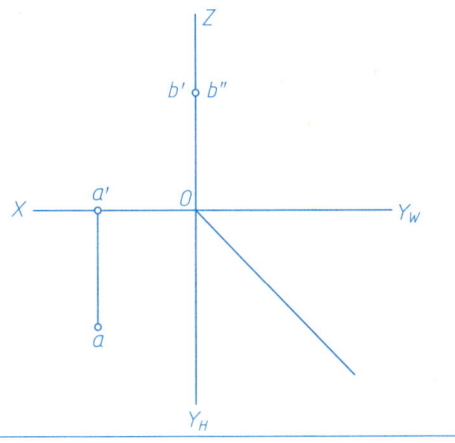

3. 在直观图中按 1∶1 的比例量取 A、B 两点对投影面的距离，并画出 A、B 两点的三面投影。

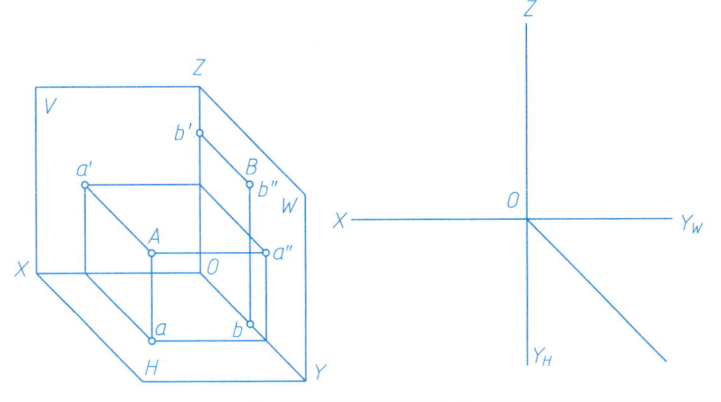

4. 已知 A (10, 20, 15) 和 B (15, 0, 20)，求作这两点的三面投影。

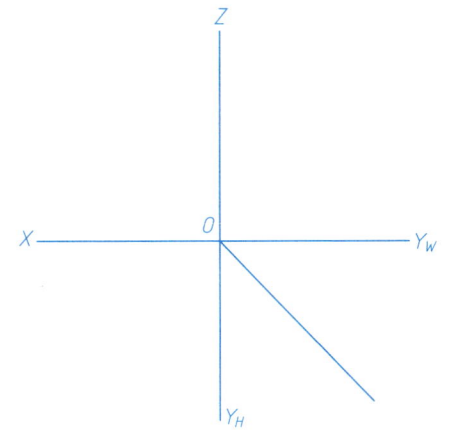

| 2-1 | 点的投影（二） | 班级　　姓名　　学号 | 11 |

5. 已知 A、B 两点到三个投影面的距离，求作这两点的三面投影。

（单位：mm）

	H	V	W
A	8	7	15
B	15	20	5

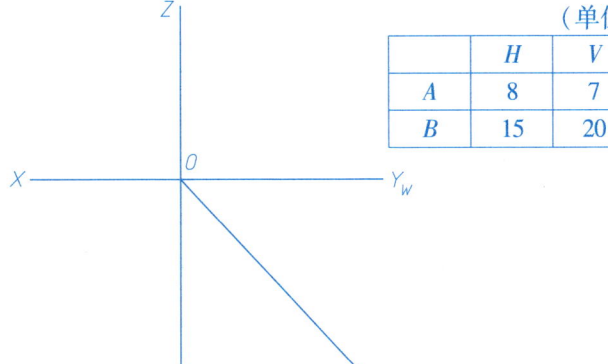

6. 已知点 B 在点 A 左侧 10mm、前方 5mm、上方 10mm 处，点 C 在点 A 左侧 5mm、后方 8mm、下方 5mm 处。求作各点的三面投影。

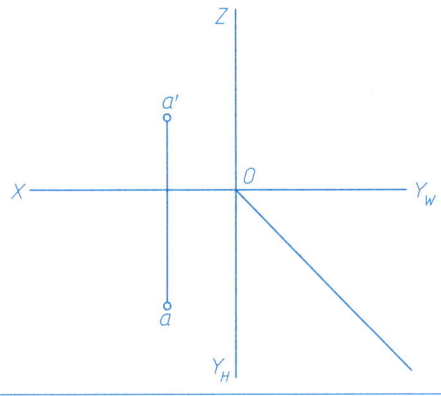

7. 已知点 B 在点 A 正后方 15mm 处，点 C 在点 A 正下方 10mm 处，求作各点的三面投影。

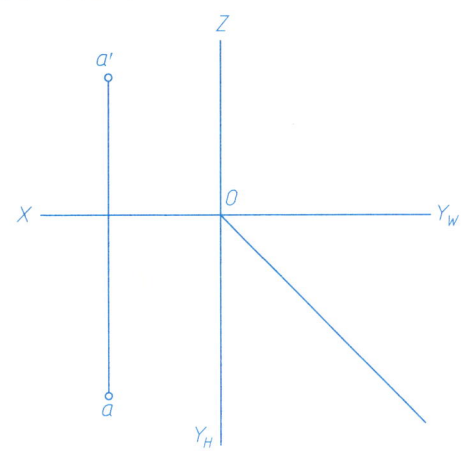

8. 判断 A、B、C 三点的相对位置。

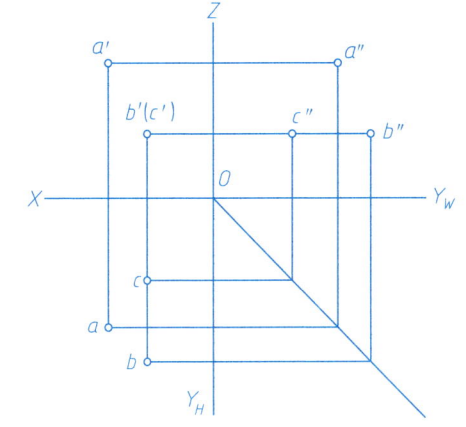

点 A 在点 B 的 _____ 方。
点 B 在点 C 的 _____ 方。

2-2 直线的投影（一） 班级 姓名 学号 12

1. 求下列各直线的第三面投影，并判断直线的空间位置。

(1) 直线 AB 是＿＿＿＿线。

(2) 直线 AB 是＿＿＿＿线。

(3) 直线 AB 是＿＿＿＿线。

2. 判断两直线的位置关系。

(1) 两直线＿＿＿＿。

(2) 两直线＿＿＿＿。

(3) 两直线＿＿＿＿。

2-2 直线的投影（二） 班级 姓名 学号 13

3. 求过点 A 的直线 AB，使其与 CD 相交且交点 B 距 H 面 15mm，求作直线 AB 的两面投影。

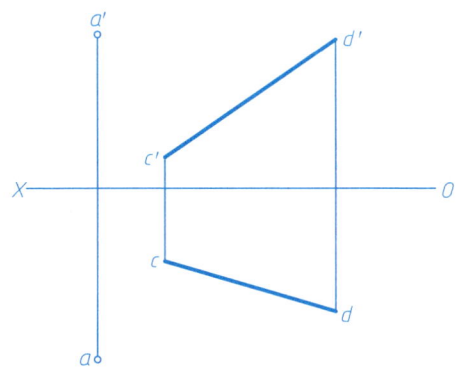

4. 直线 AB 与 CD 相交于点 K，点 K 分别等分两直线，且直线 AB 为正平线，直线 CD 为侧平线，完成两直线的三面投影。

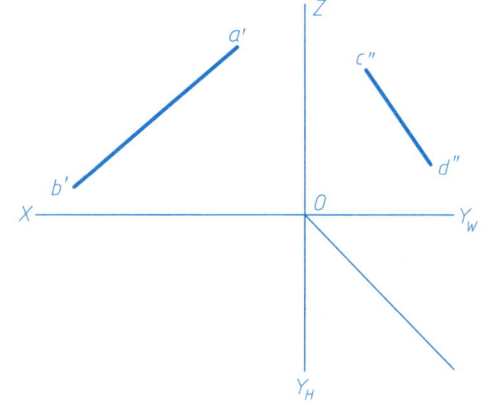

5. 求与直线 AB、CD 相交且与直线 EF 平行的直线 MN，作出其两面投影。

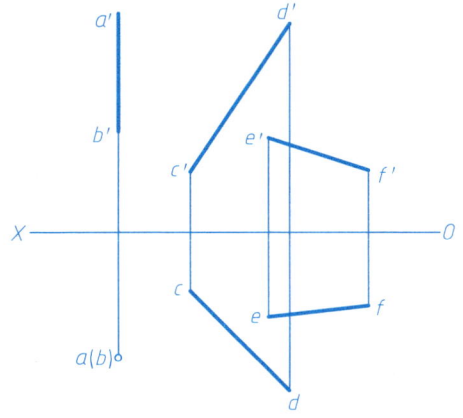

6. 在直线 AB 上求一点 K，使点 K 到 V、H 面的距离相等，求作点 K 的三面投影。

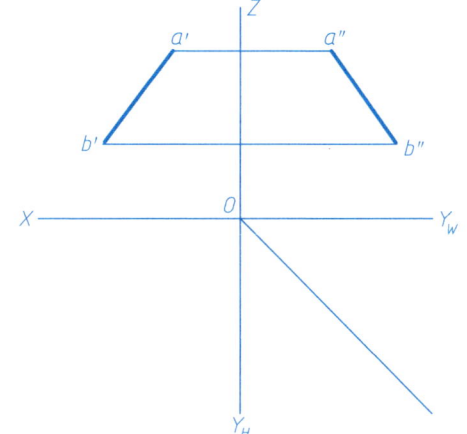

2-3　平面的投影（一）

1. 已知平面的两面投影，求作第三面投影，并判断该平面的类型。

(1)
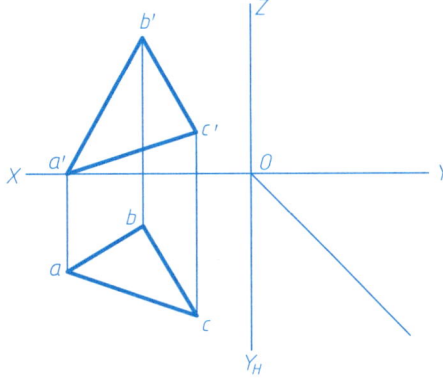
平面 ABC 是_____面。

(2)
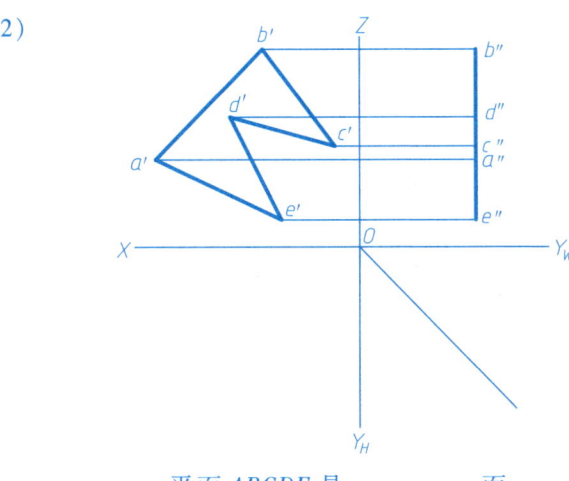
平面 ABCDE 是_____面。

(3)
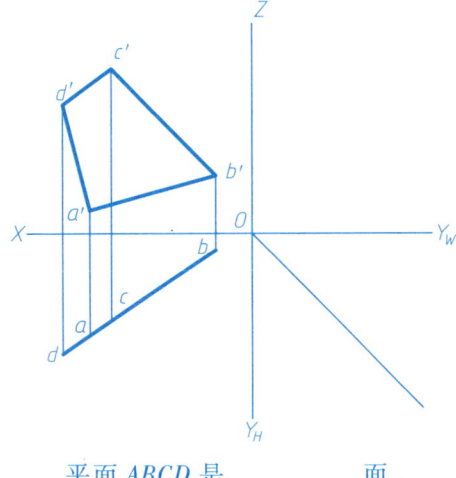
平面 ABCD 是_____面。

2. 已知△ABC 的两面投影，试判断 M、N 两点是否在该平面内。
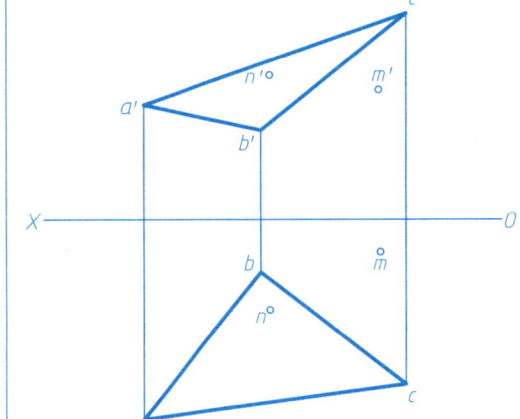
点 M ____平面 ABC 内。
点 N ____平面 ABC 内。

2-3 平面的投影（二）

3. 已知一平面圆的正面投影，又知圆心到 V 面的距离为 15mm，求作该平面圆的另两面投影。

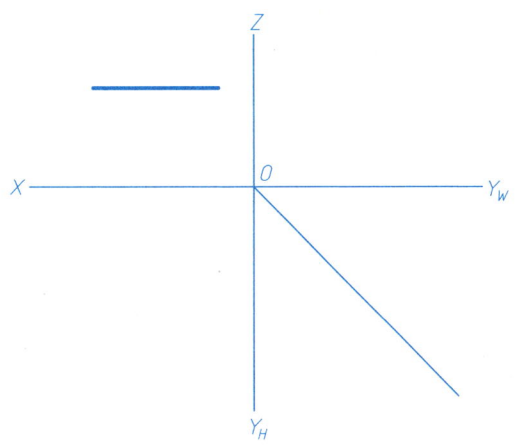

4. 已知 △ABC 的两面投影，直线 EF 为属于该平面的正平线，且距 V 面 15mm，求作直线 EF 的两面投影。

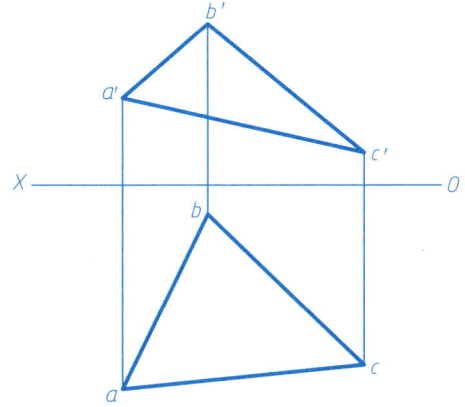

5. 完成平面多边形 ABCDEF 的正面投影。

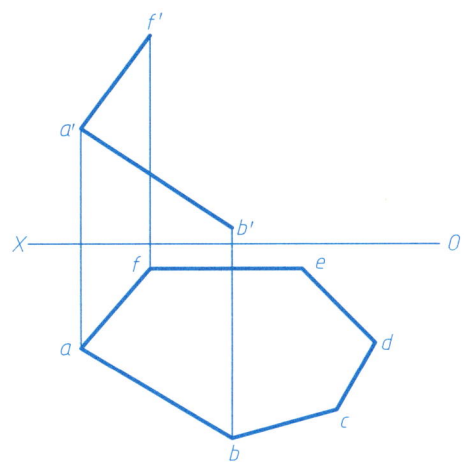

6. 已知平面 ABCD 的对角线 AC 为正平线，完成该平面的水平投影。

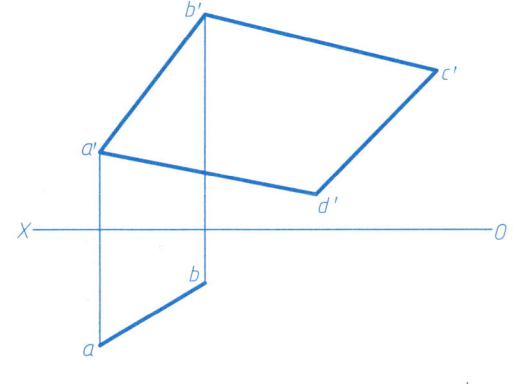

第 3 章 立体的投影

3-1 求点的投影（一）

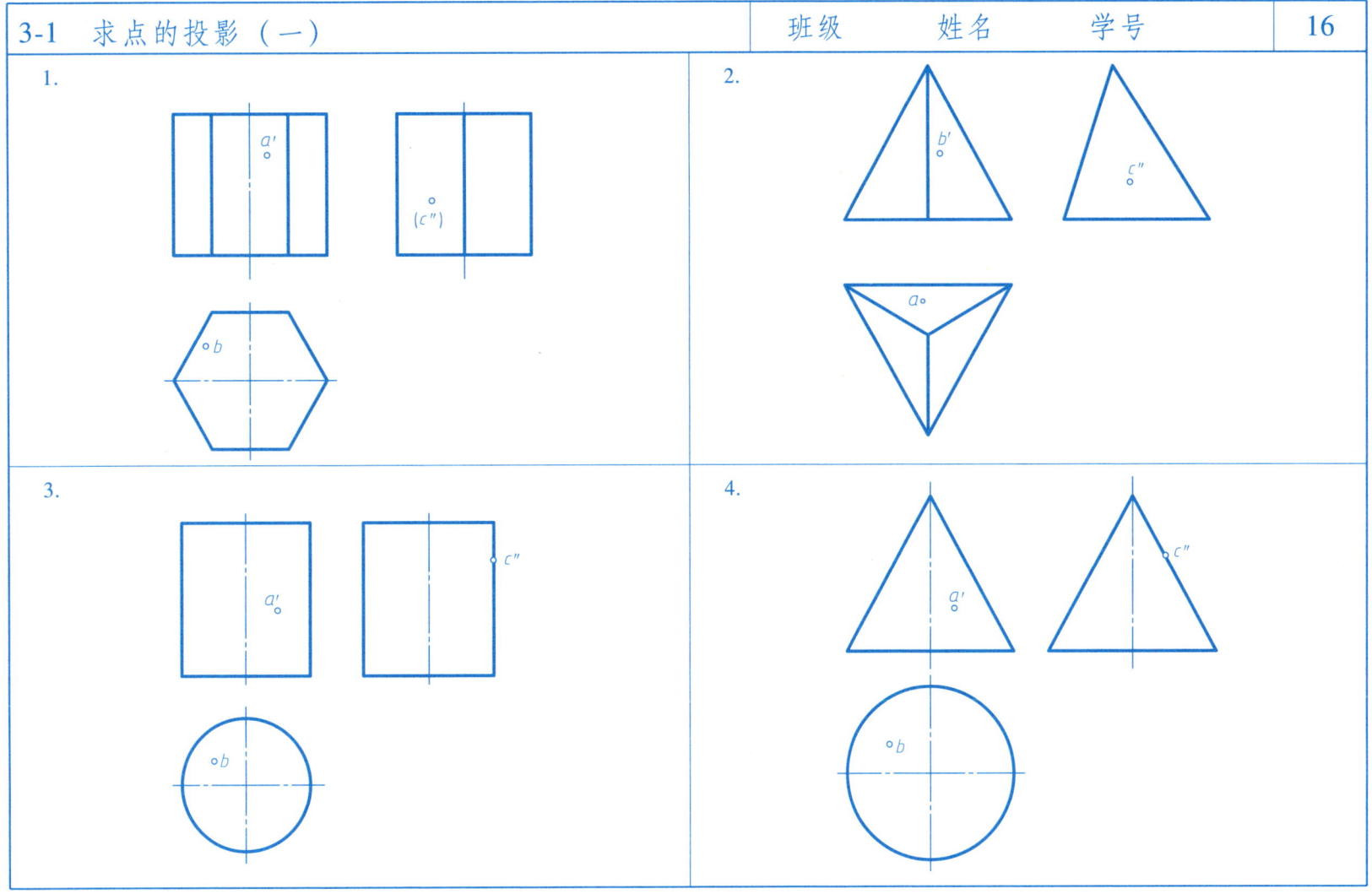

3-1 求点的投影（二）

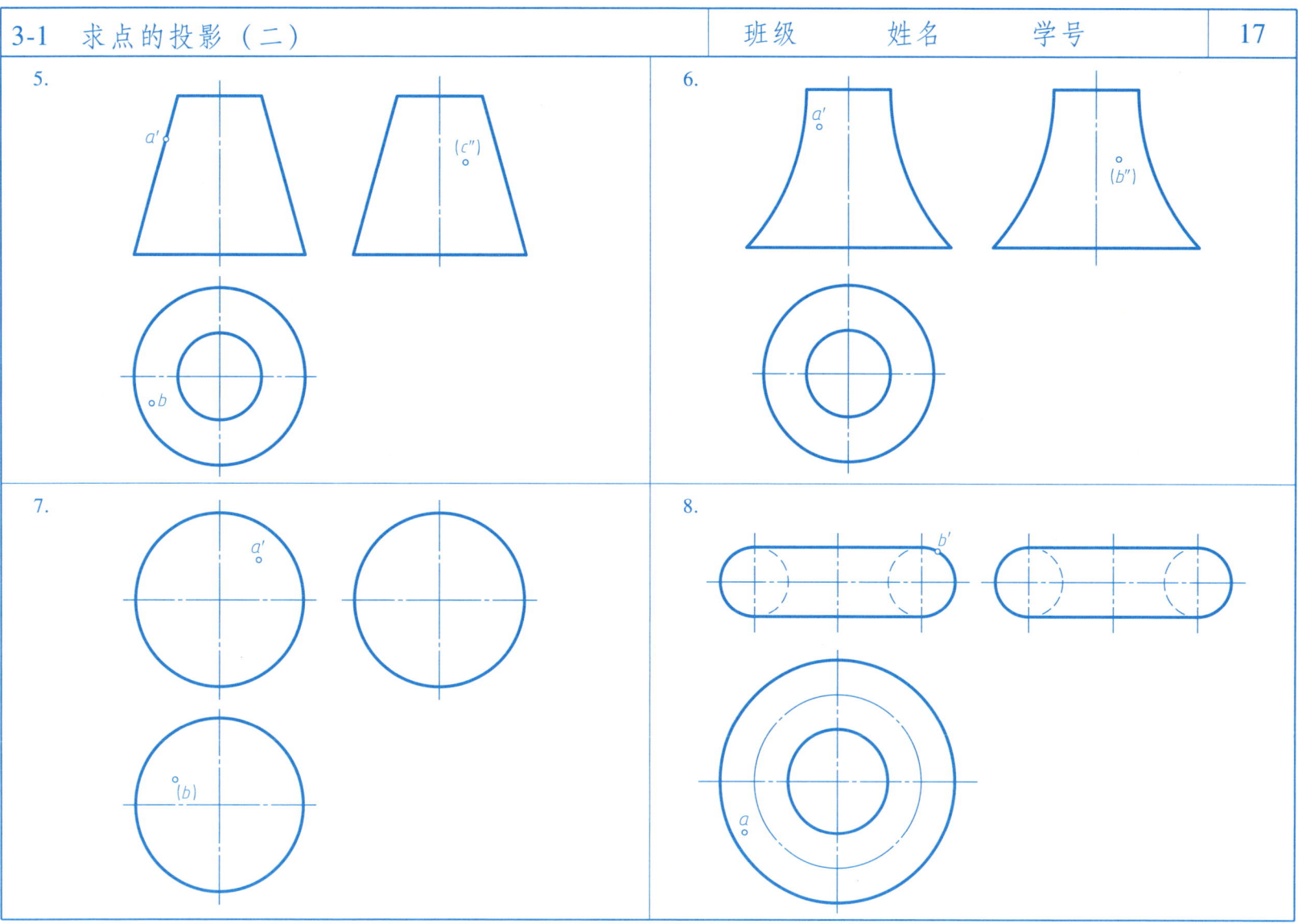

3-2 求切割体的投影（一） 班级　姓名　学号　18

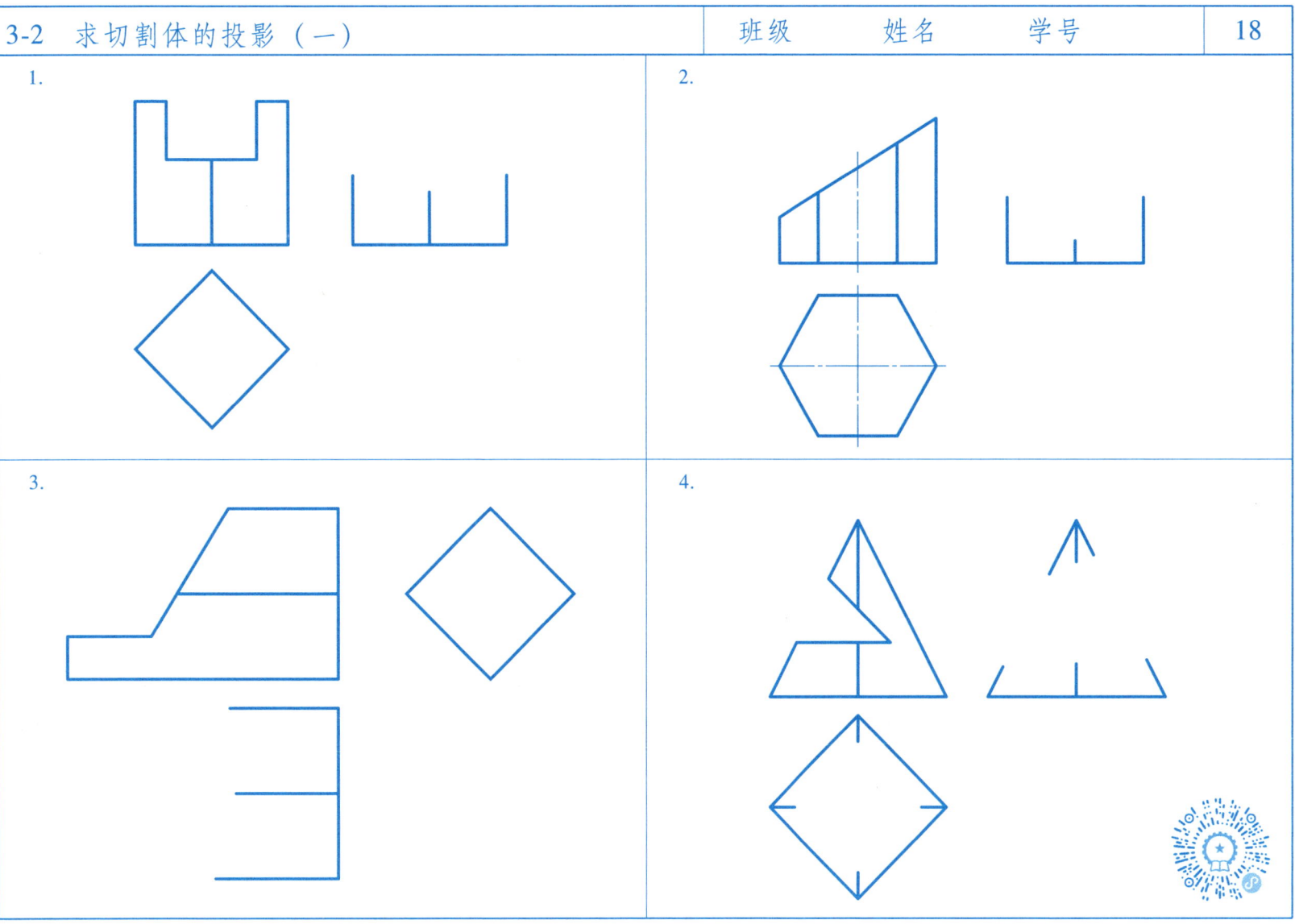

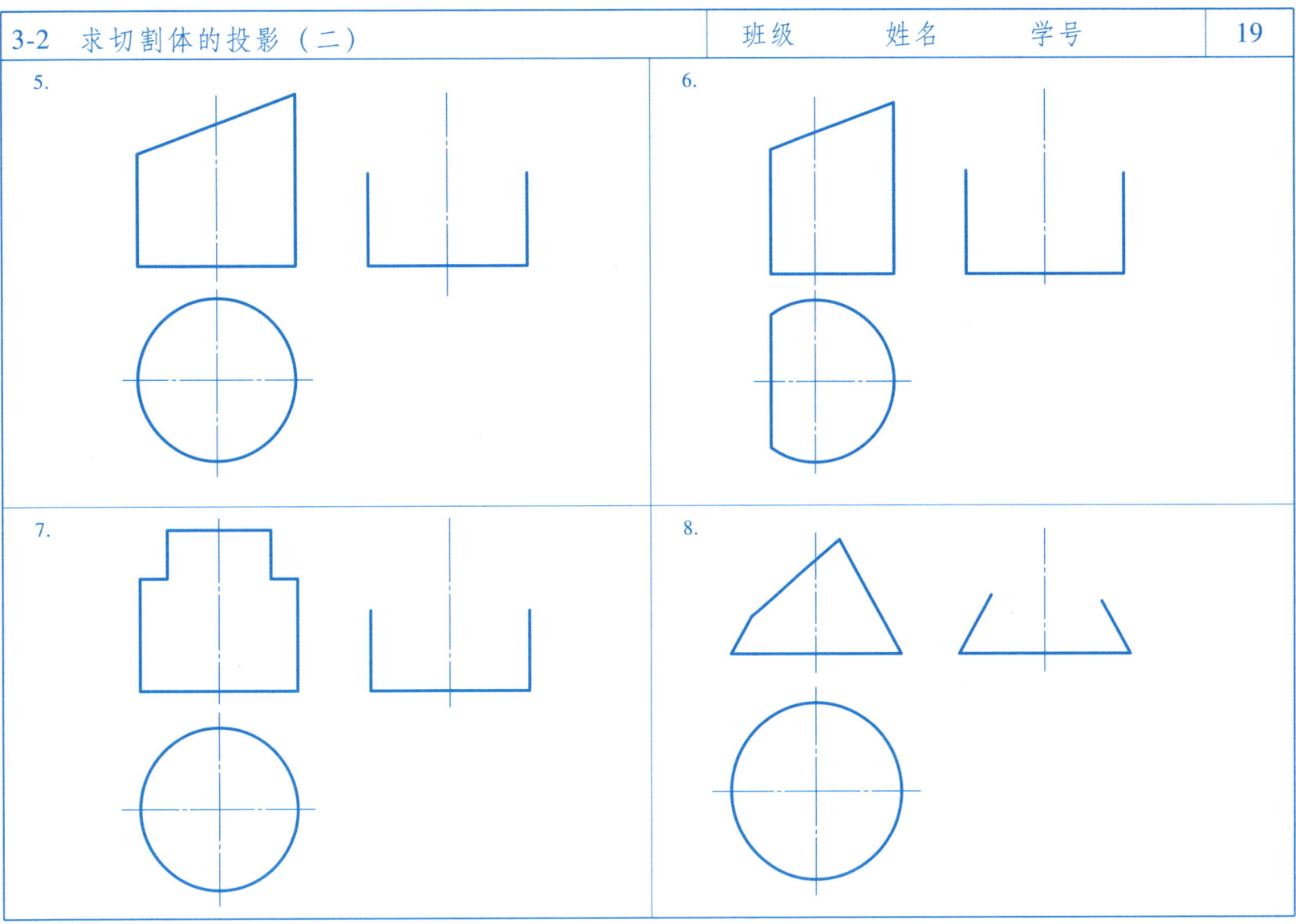

3-2 求切割体的投影（三） 20

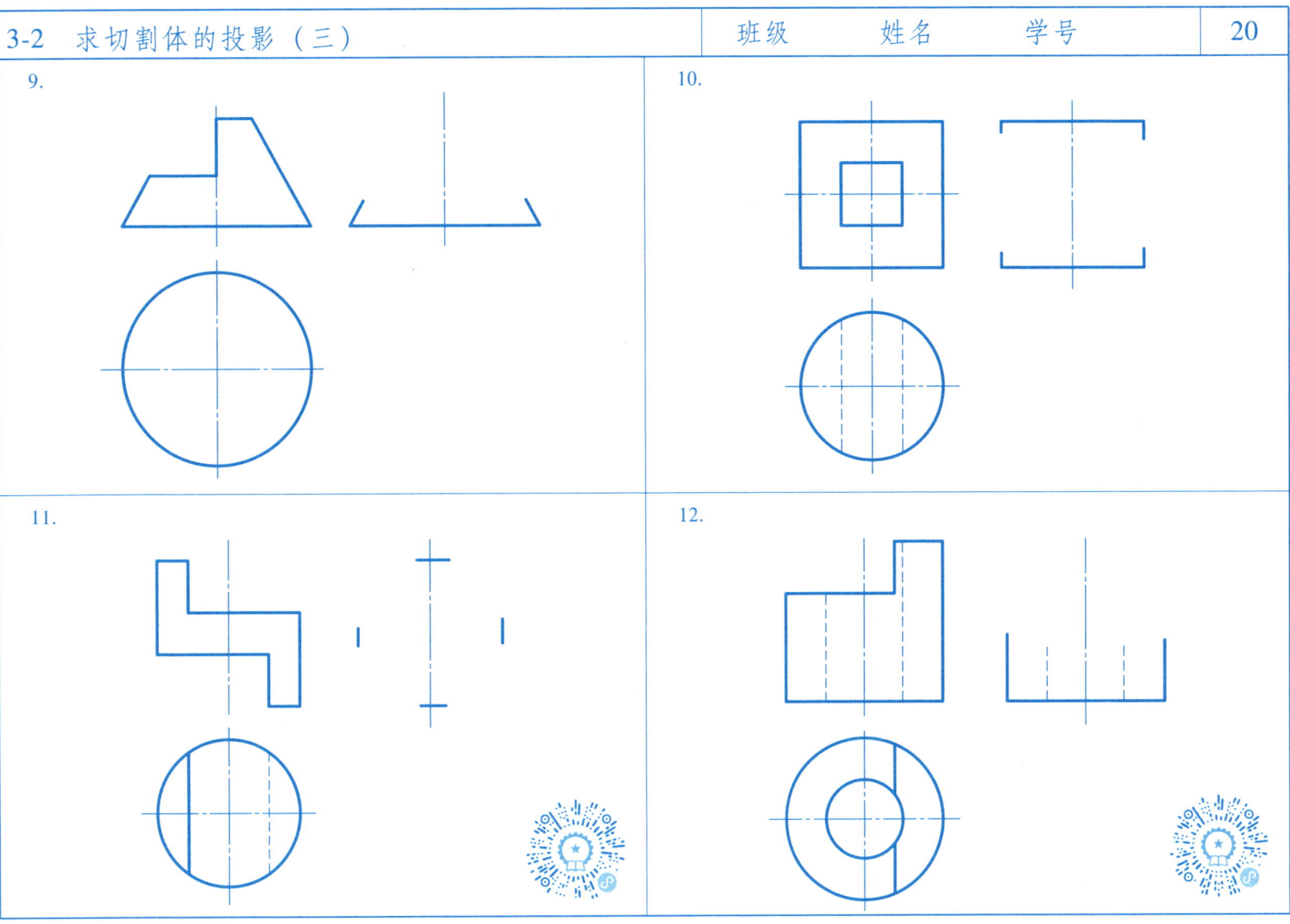

3-2 求切割体的投影（四） 21

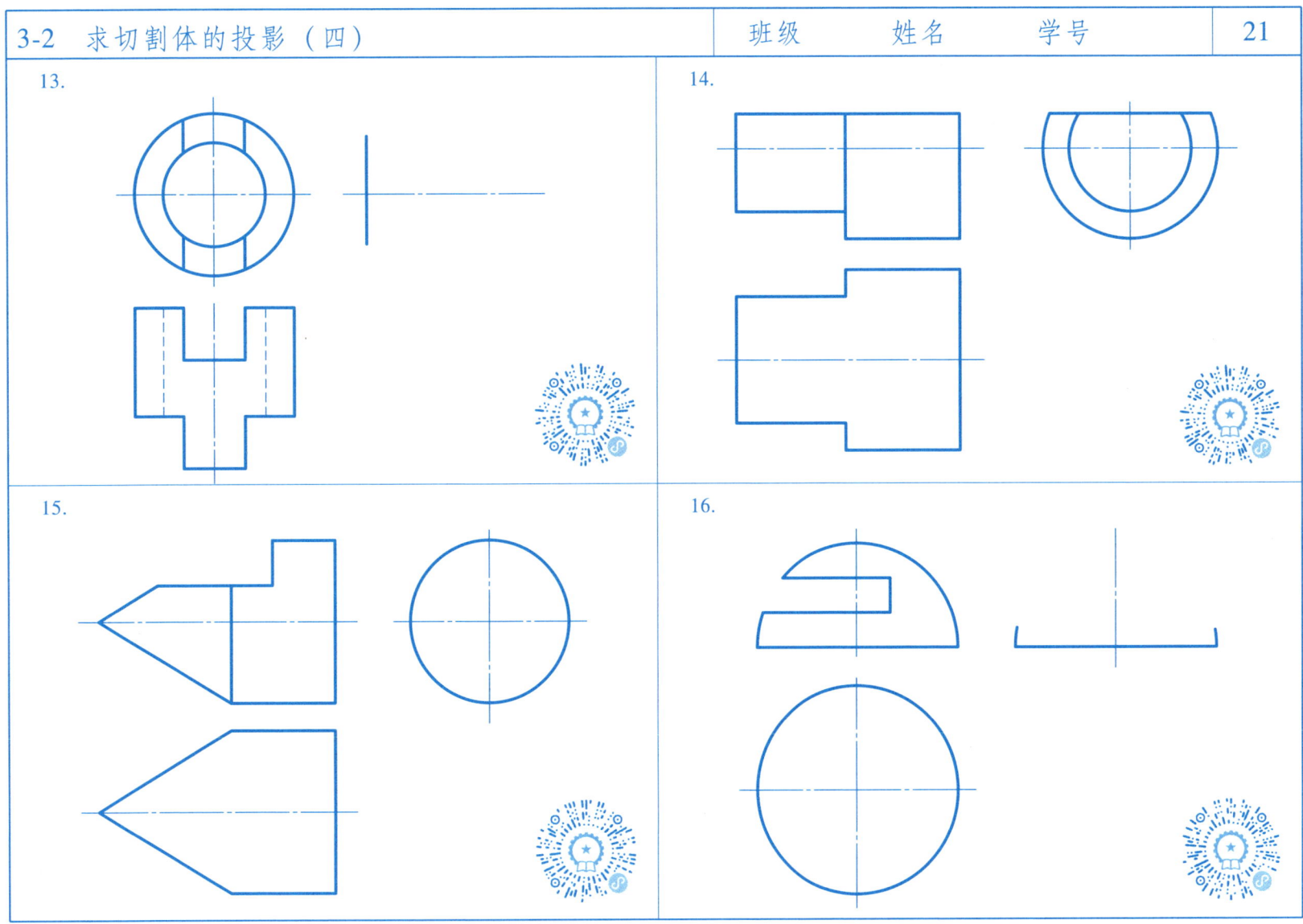

3-3 求相贯线的投影（一）

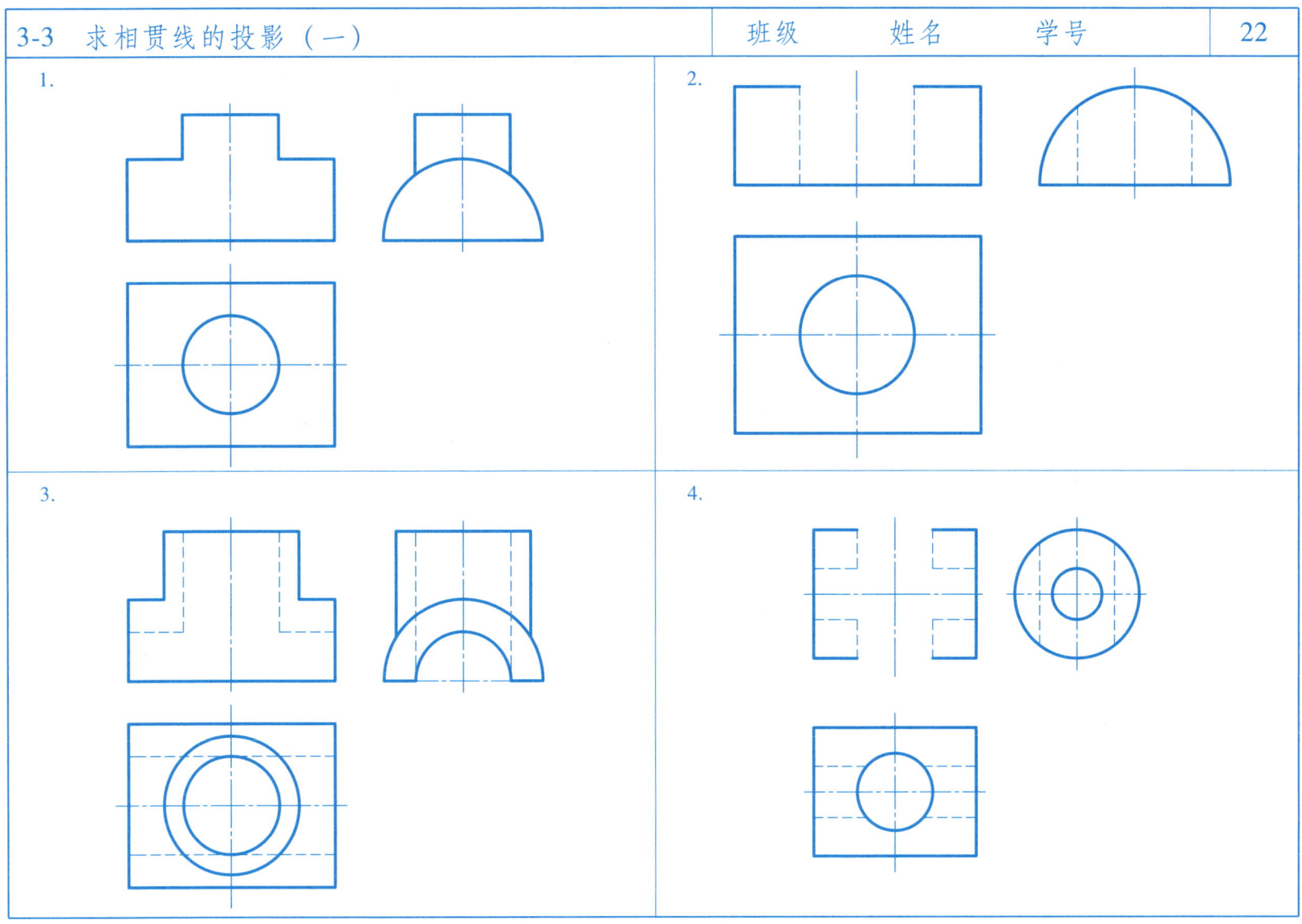

3-3 求相贯线的投影（二） 23

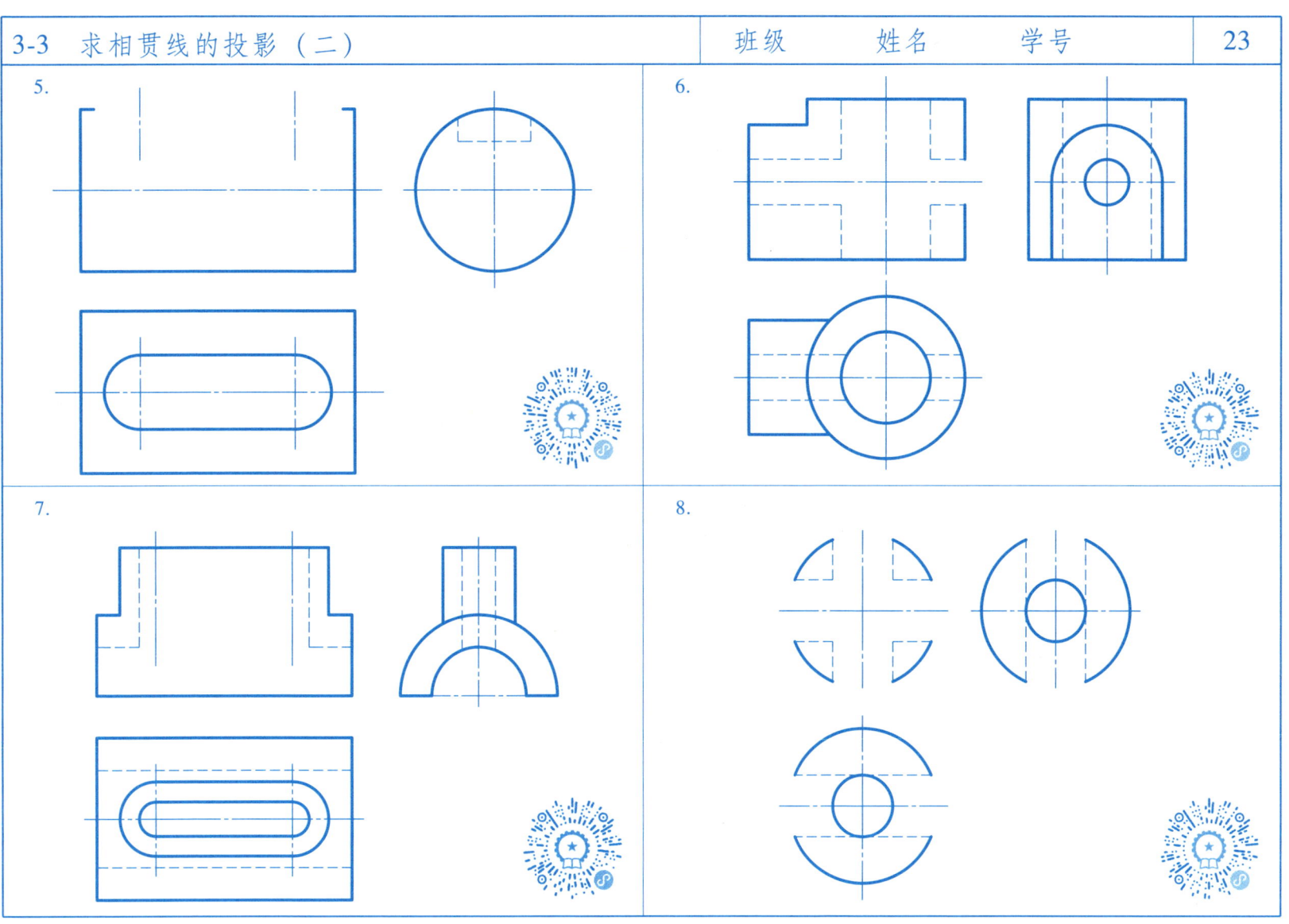

3-3 求相贯线的投影（三）

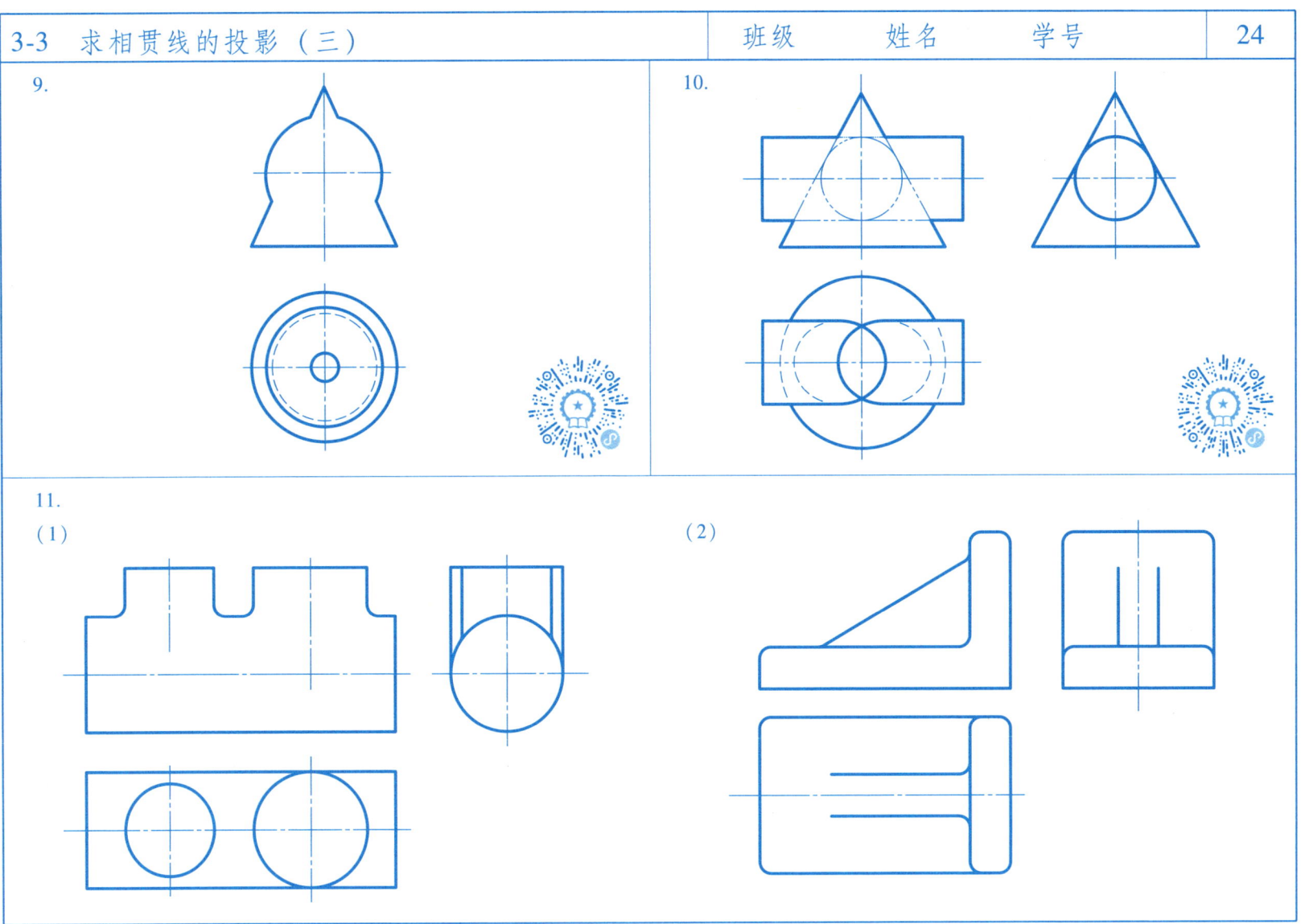

第4章 组合体

4-1 补画主、左视图（尺寸从图中按1:1的比例量取） 班级　姓名　学号　25

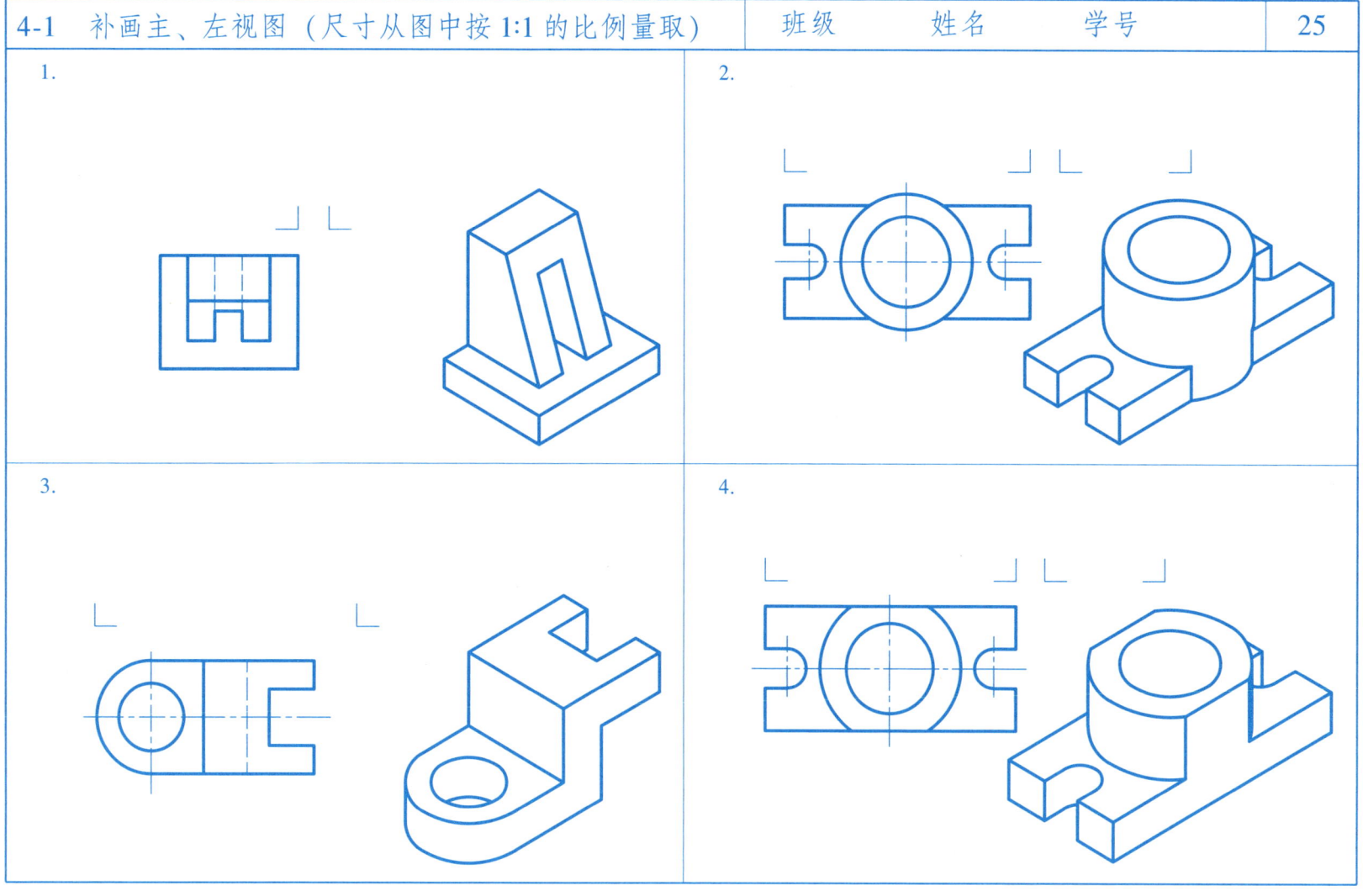

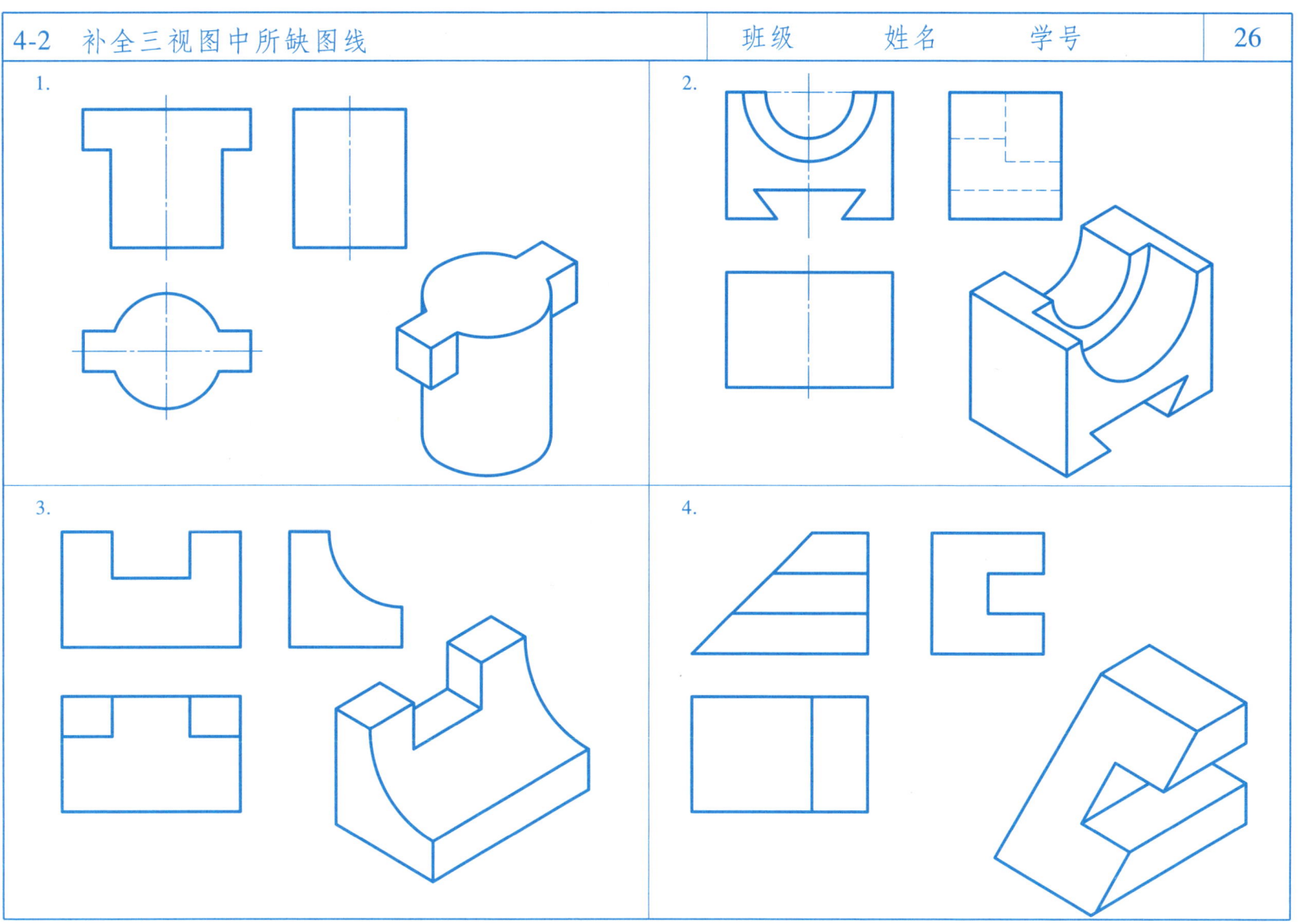

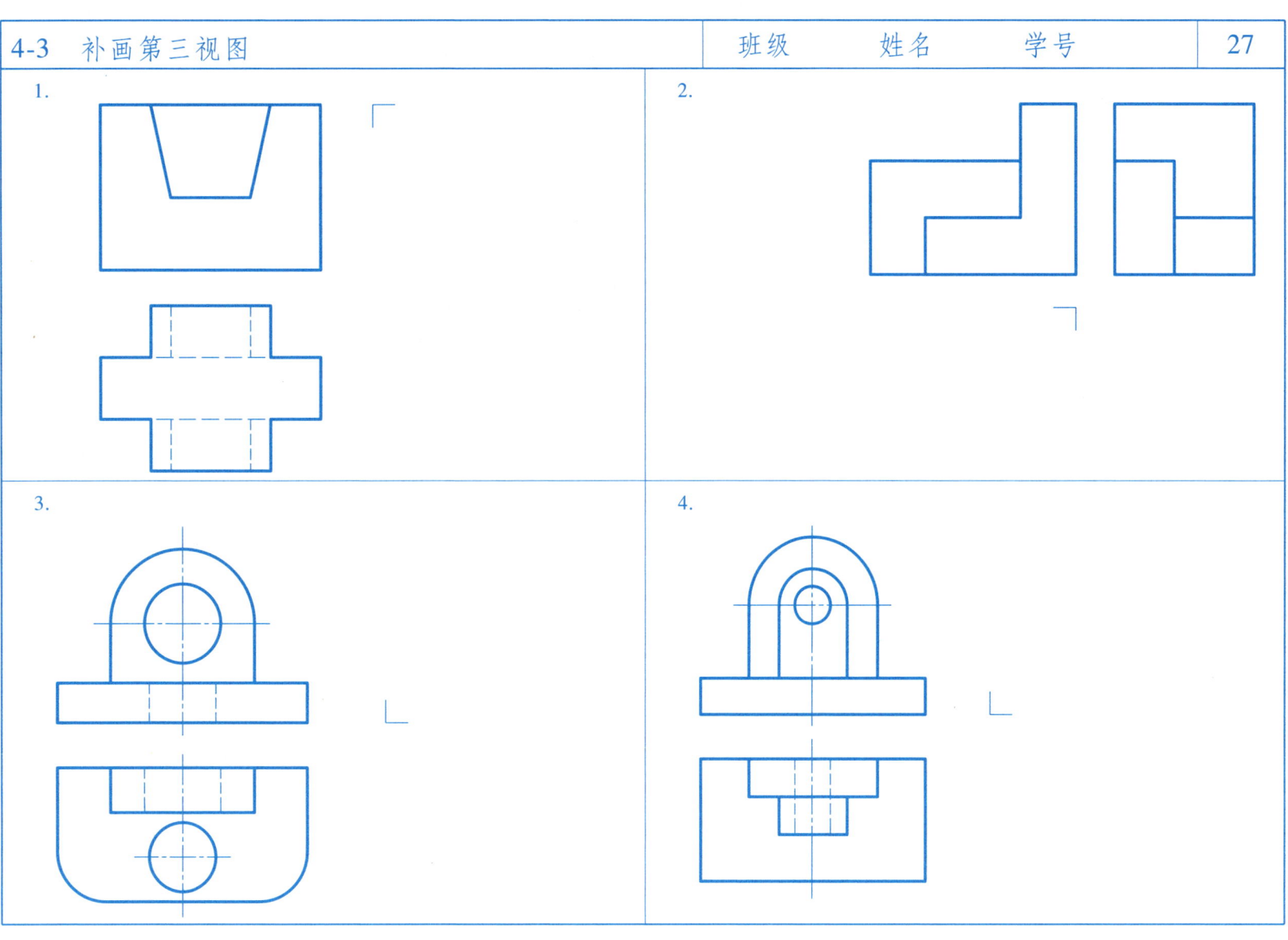

| 4-4 根据轴测图绘制三视图（A4 图纸，标注尺寸） | 班级　　姓名　　学号 | 28 |

1.

2.

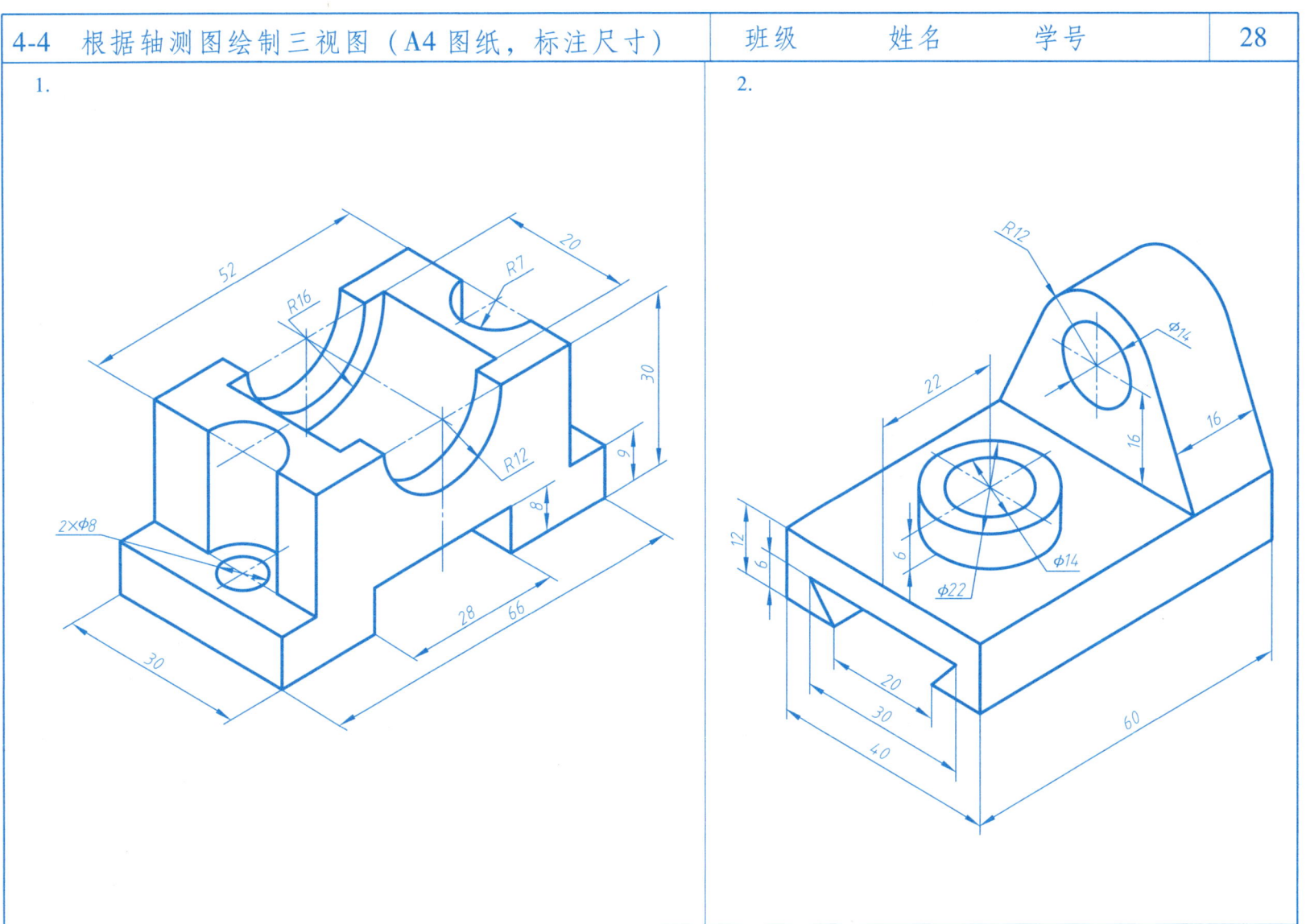

4-5 标注组合体的尺寸（尺寸从图中按 1:1 的比例量取）　　班级　　姓名　　学号　　29

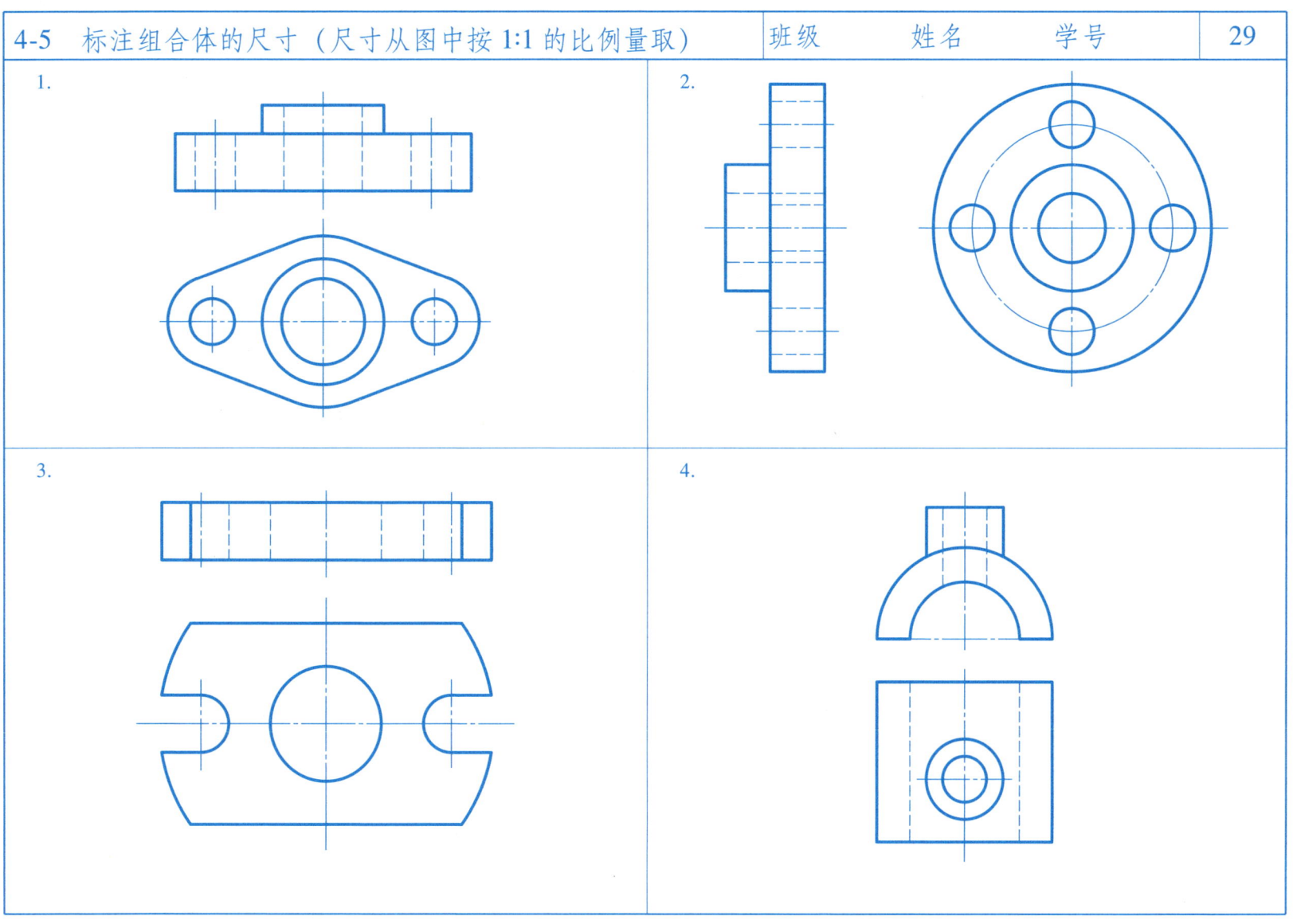

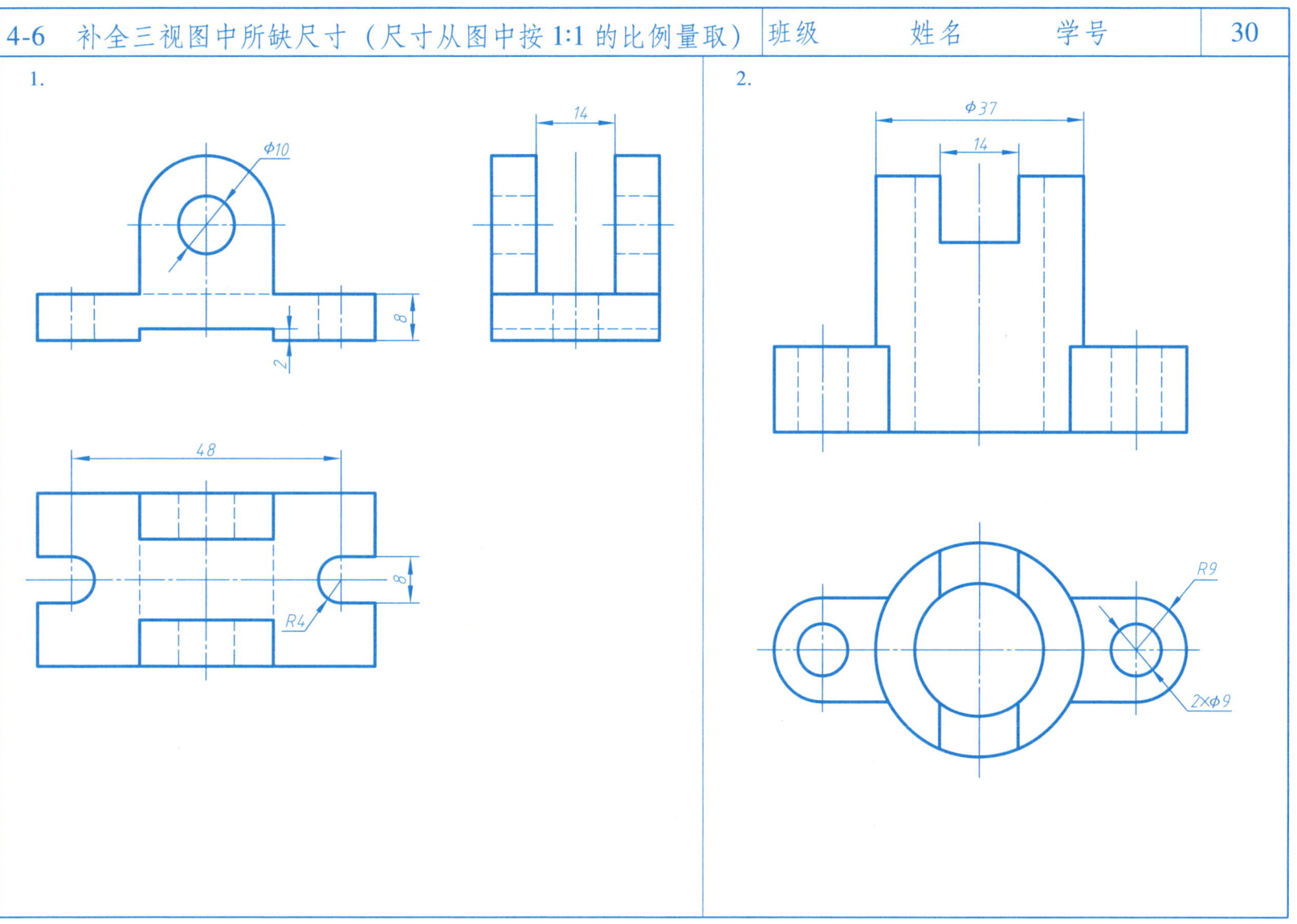

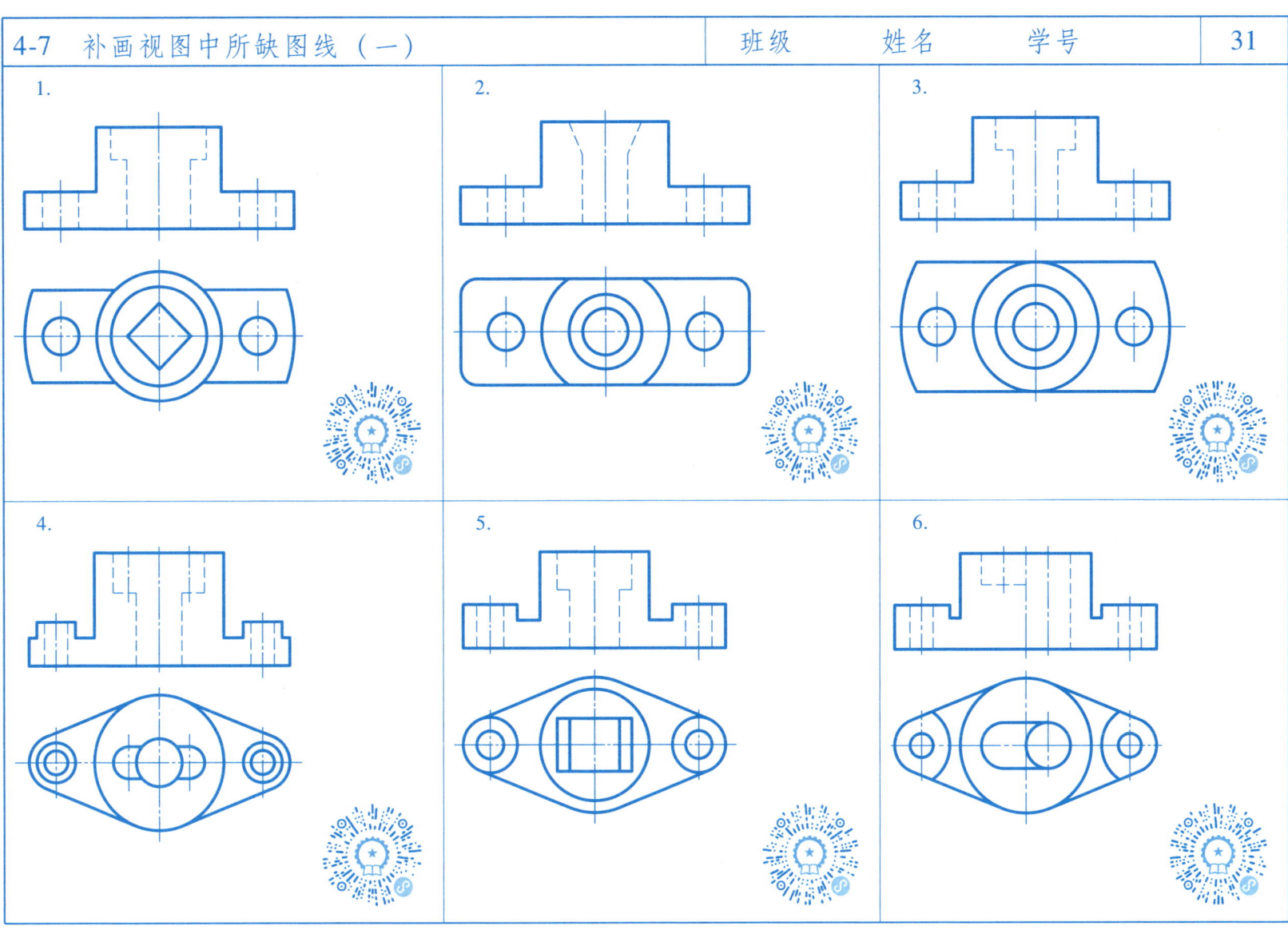

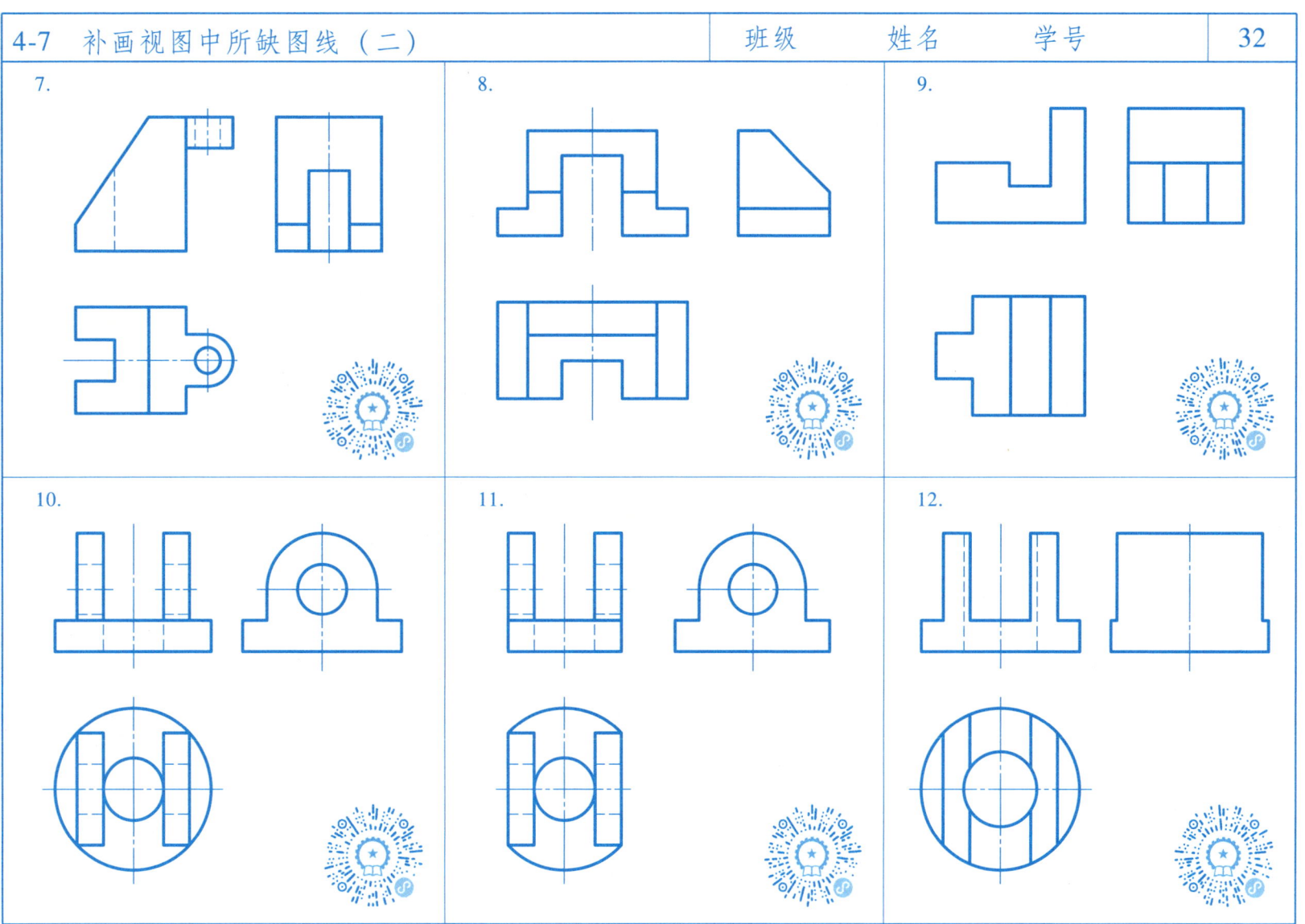

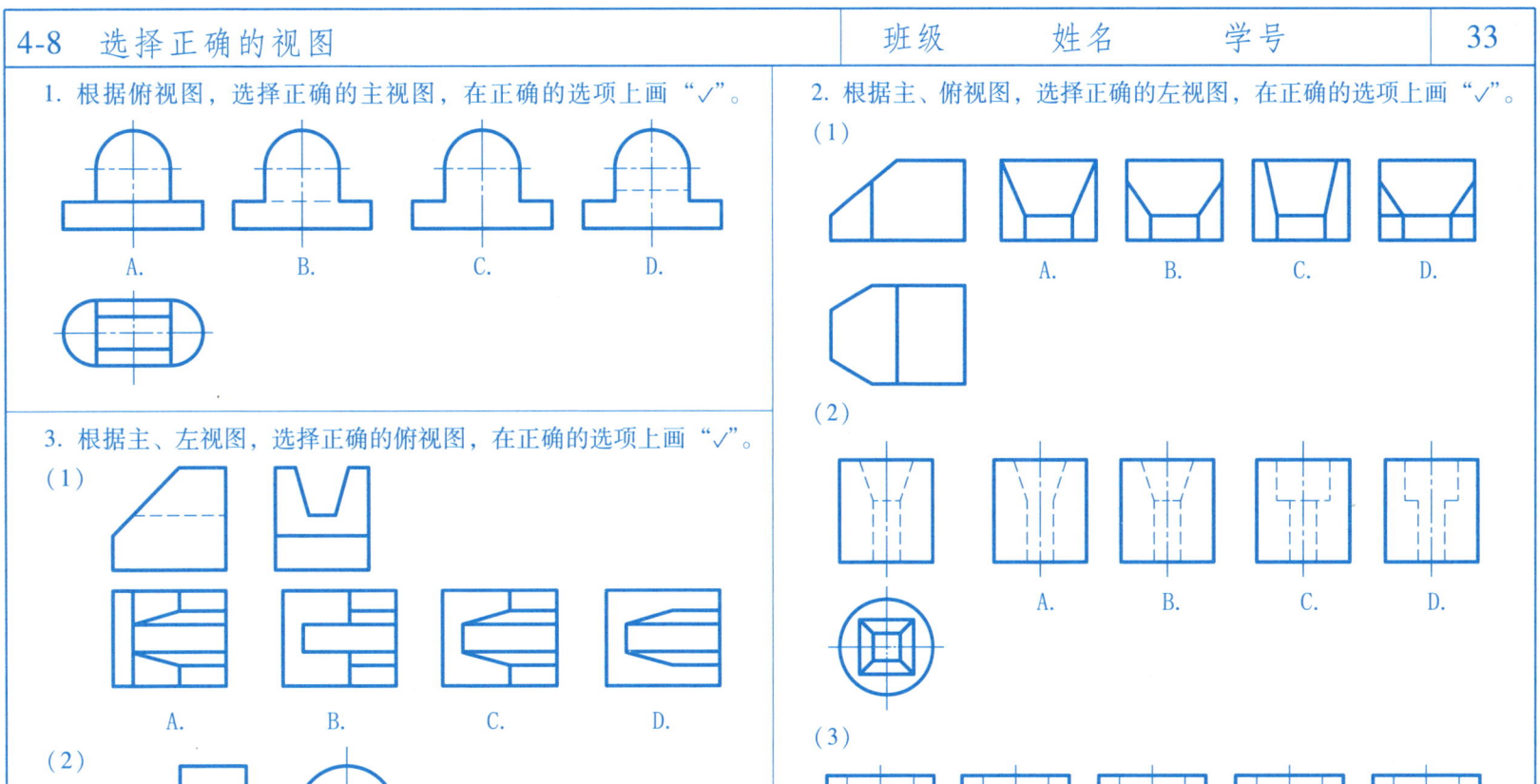

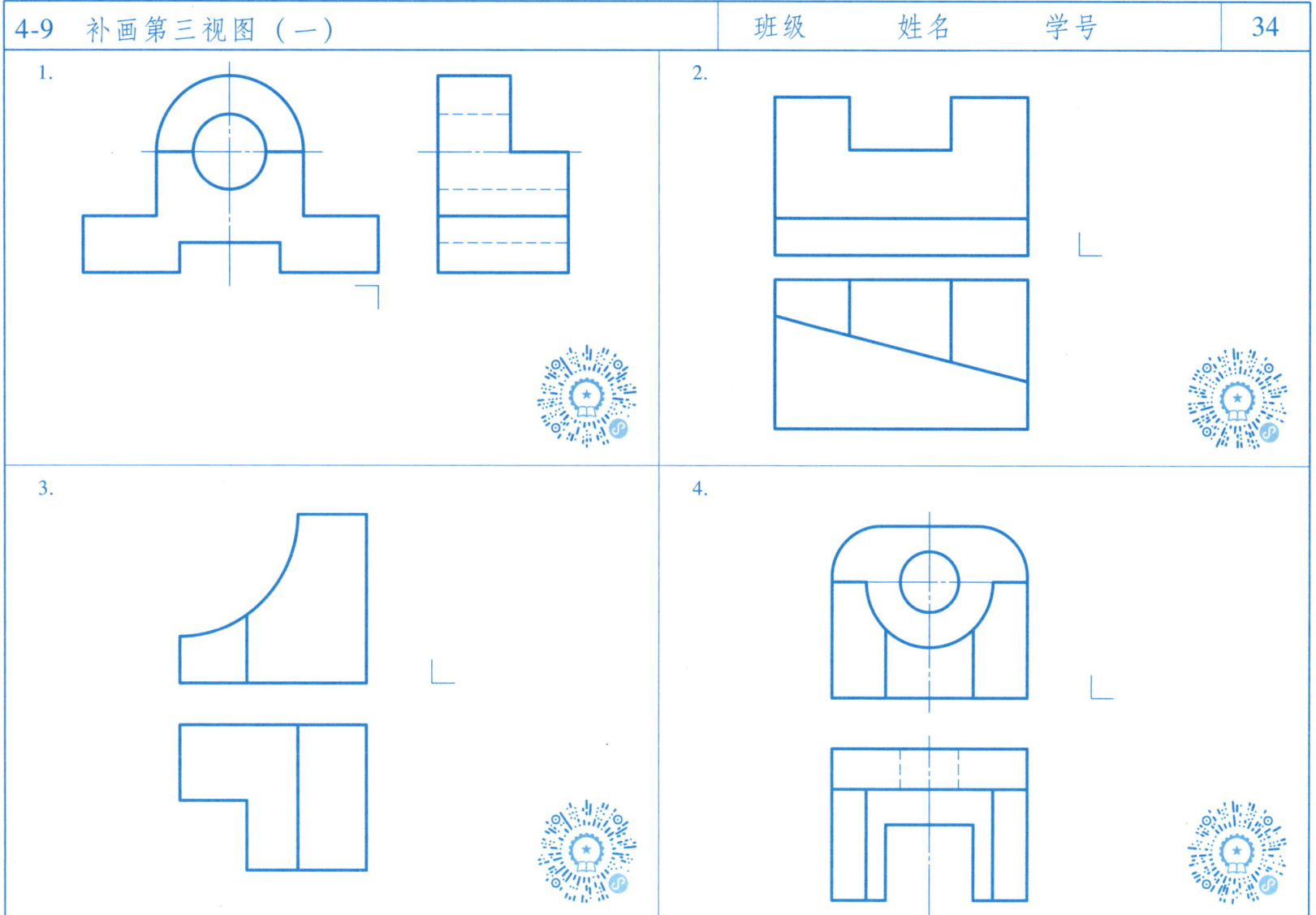

4-9 补画第三视图（二） 班级 姓名 学号 35

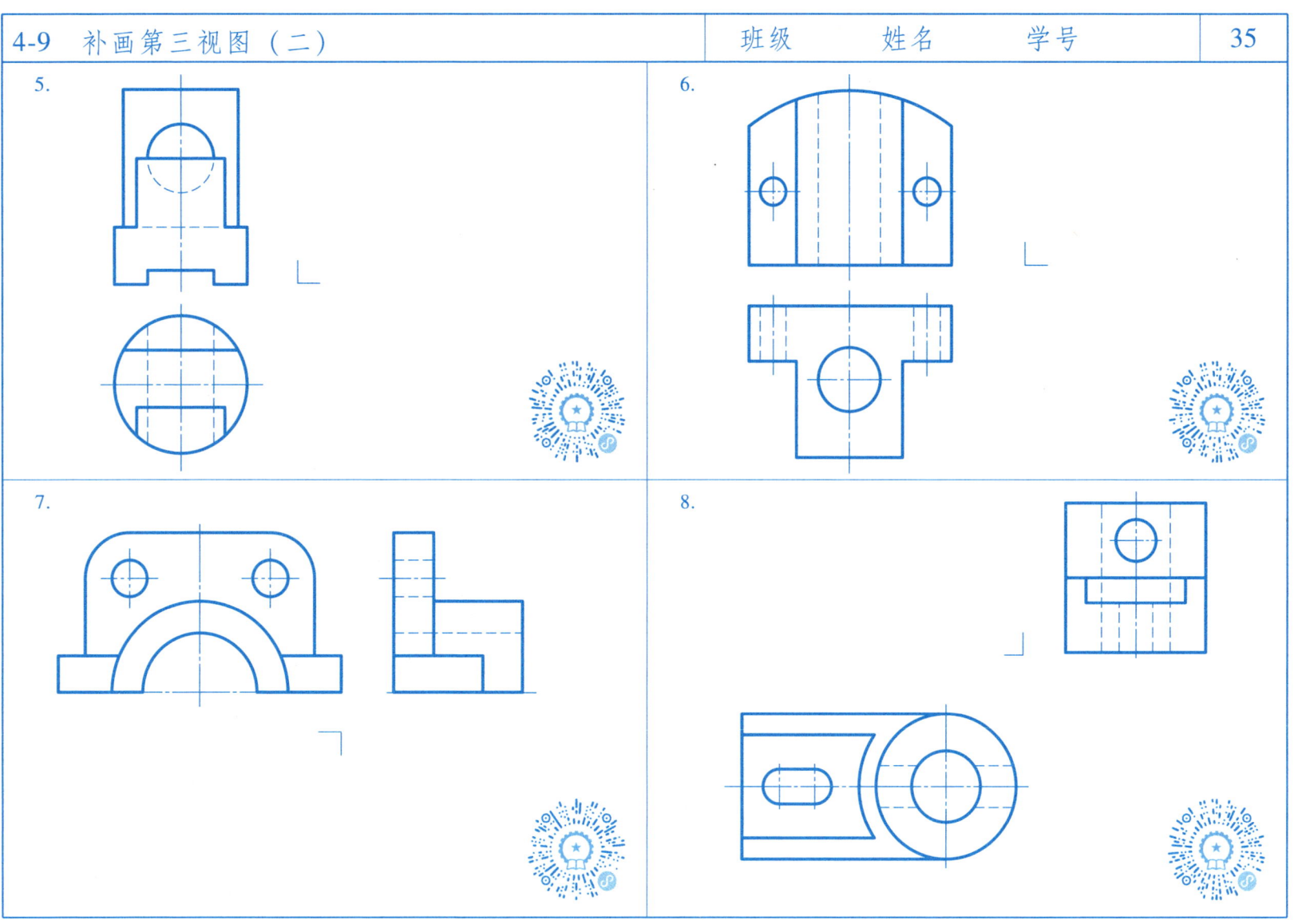

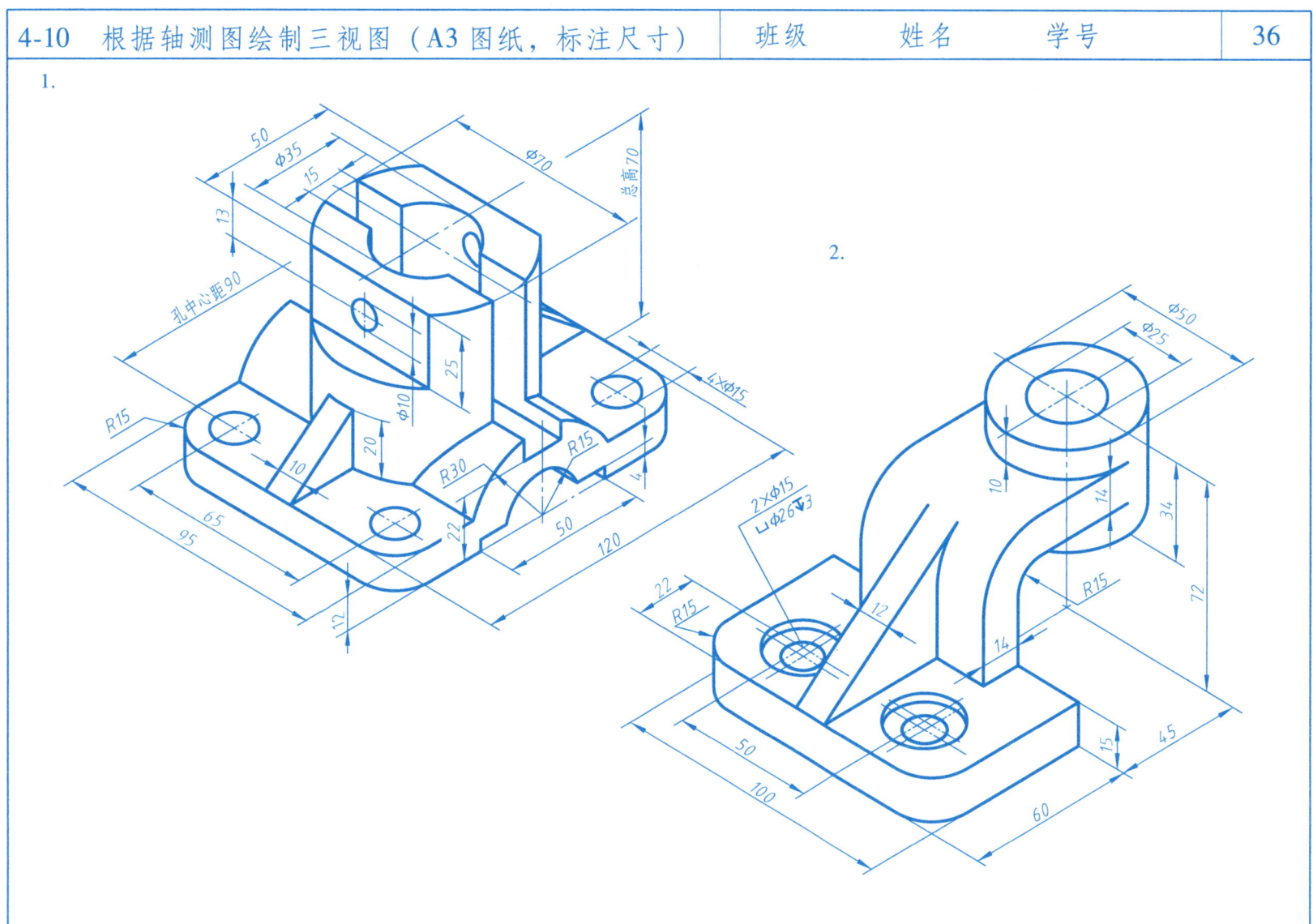

第 5 章 轴测图

| 5-1 根据视图徒手绘制正等轴测图 | 班级　姓名　学号 | 37 |

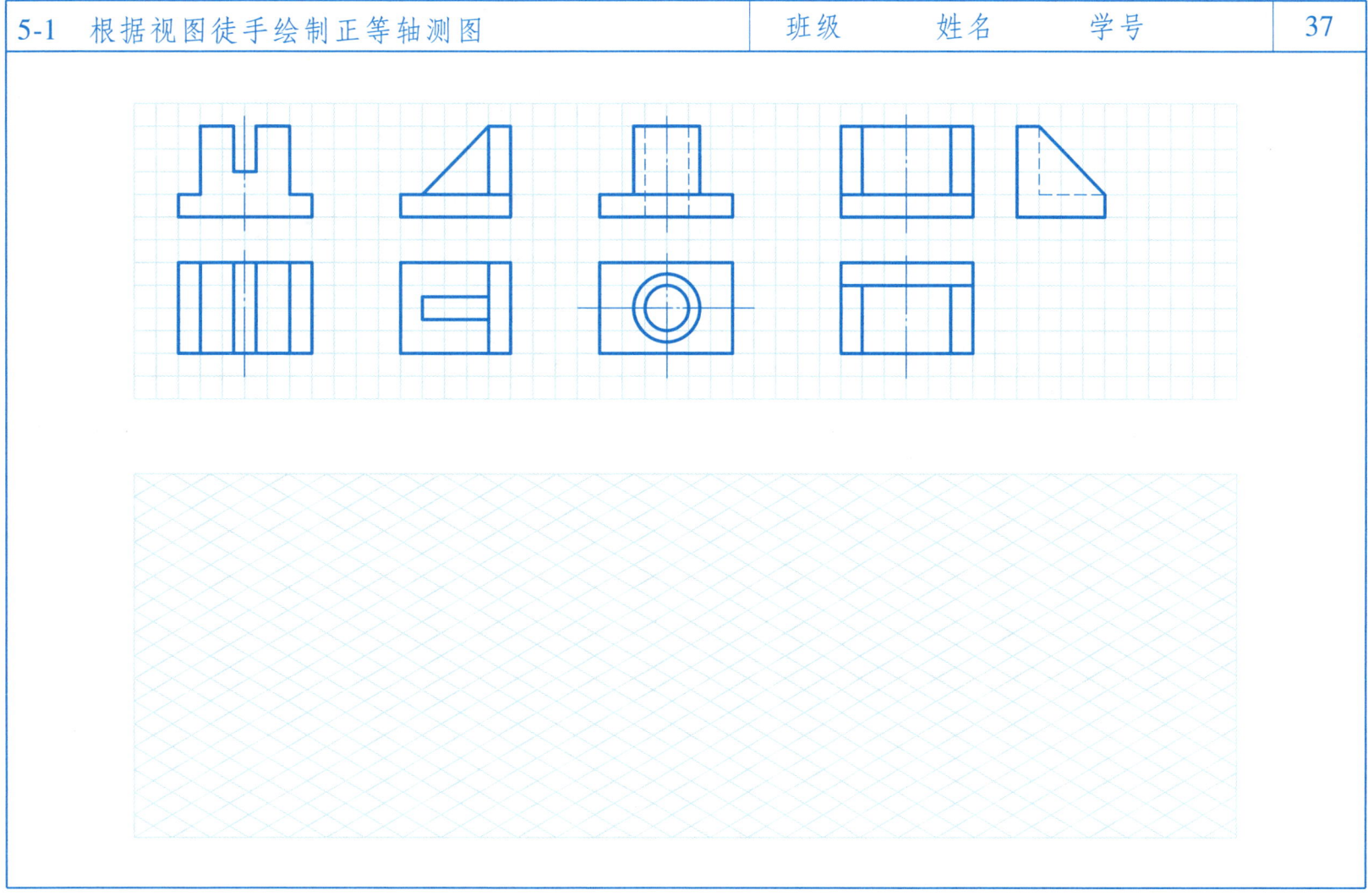

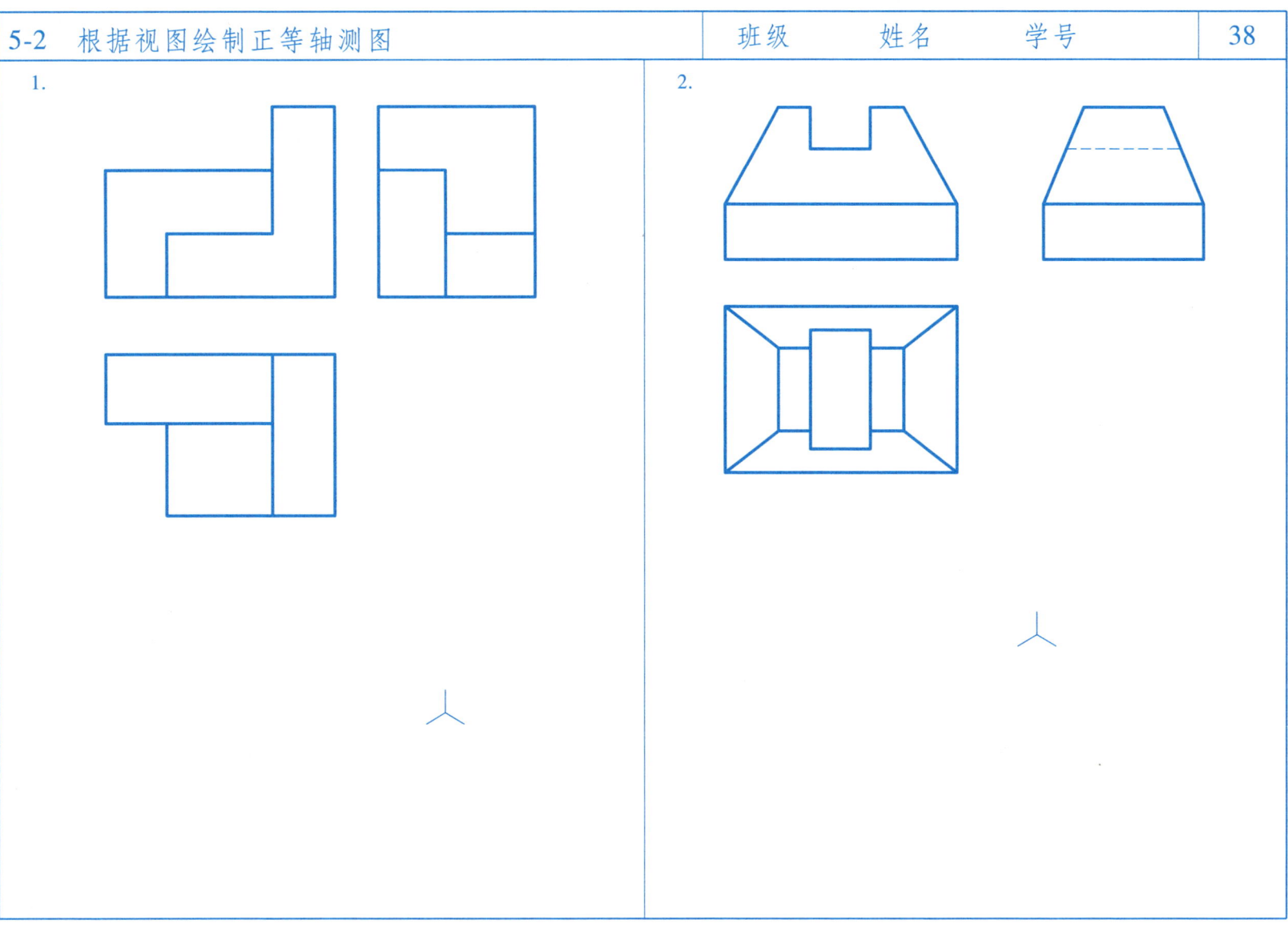

5-3 根据视图绘制轴测图 班级 姓名 学号 39

1. 画斜二测。

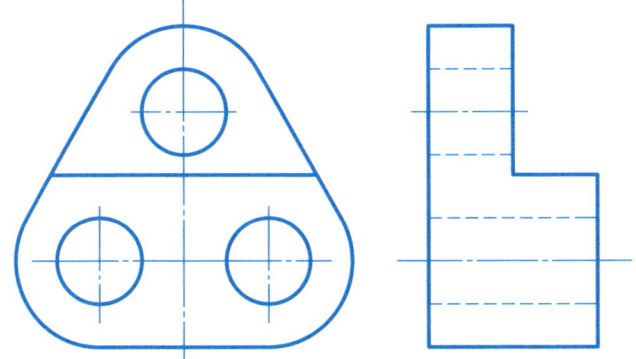

2. 画正等测和斜二测。

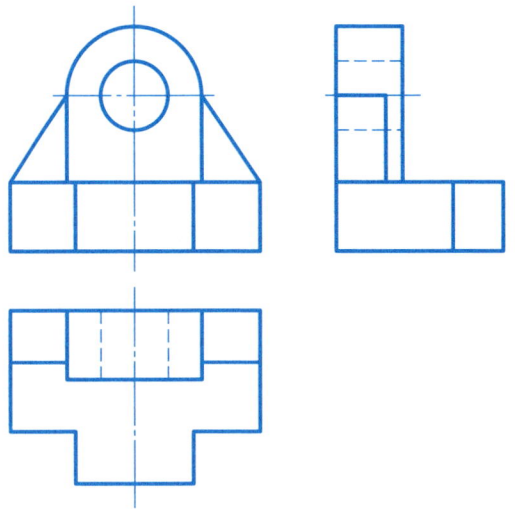

第 6 章 机件的表达方法

| 6-1 视图 | 班级　　姓名　　学号 | 40 |

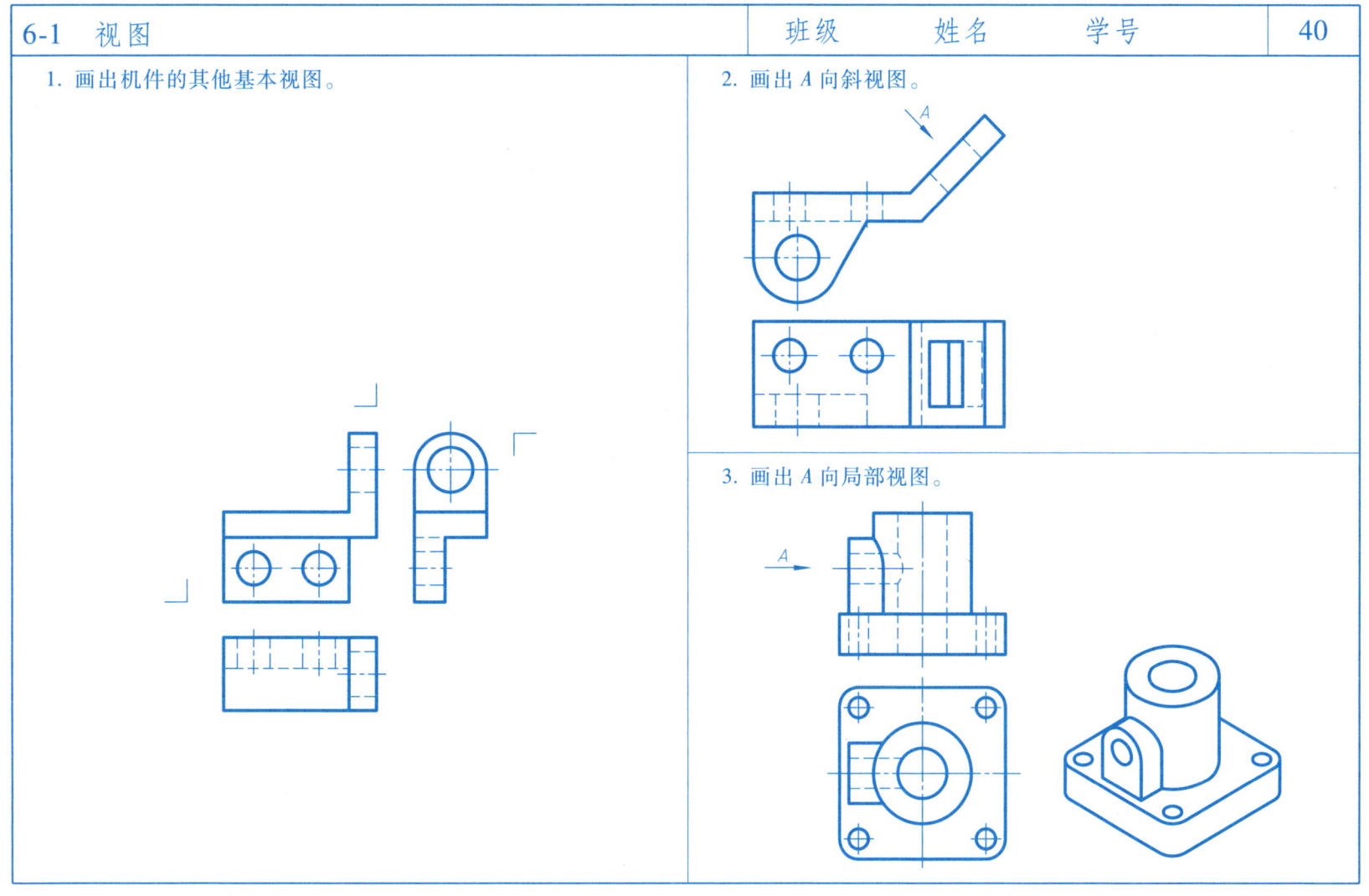

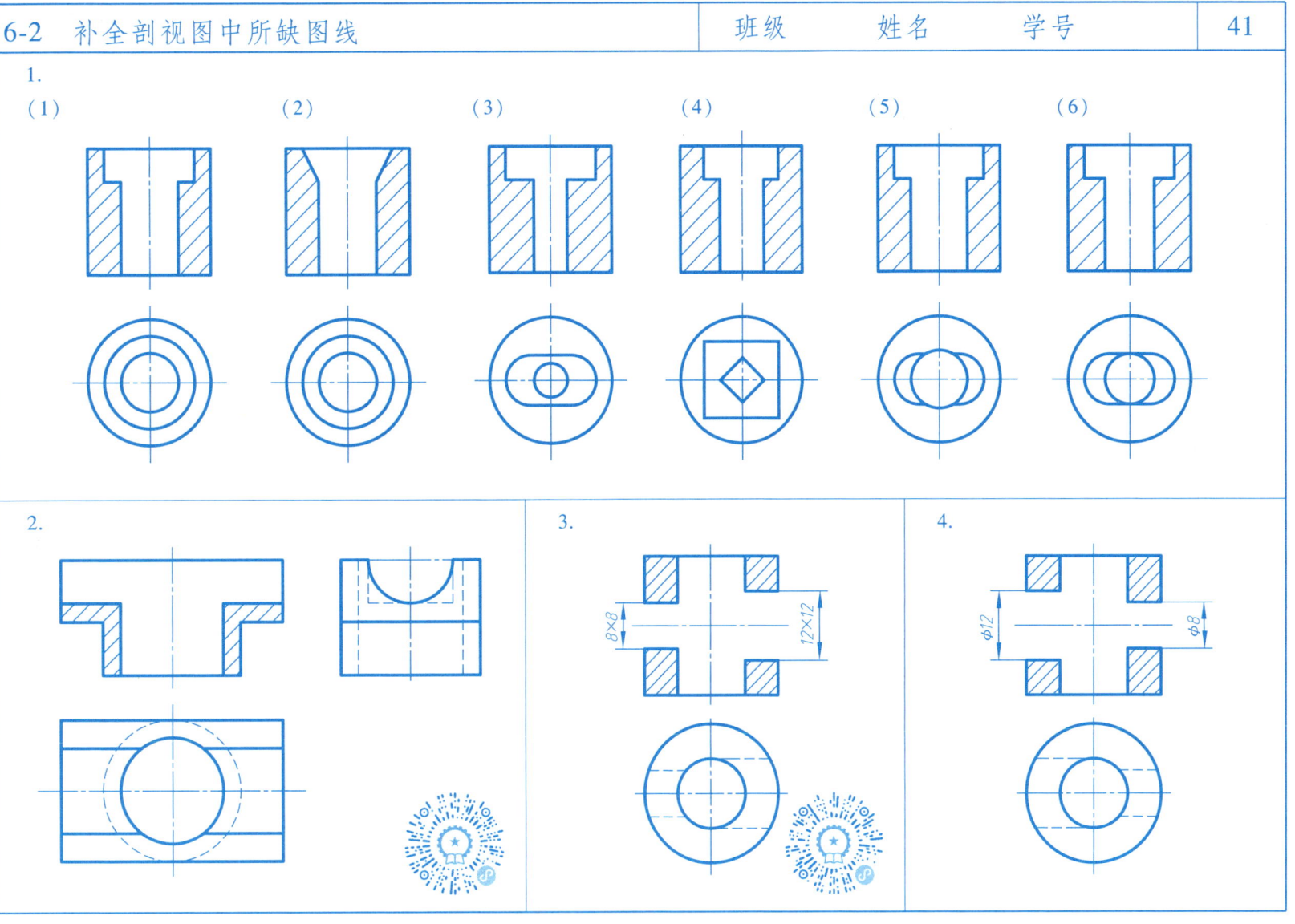

6-3　在指定位置将视图改画为剖视图（一）

1. 将主视图改画为全剖视图。

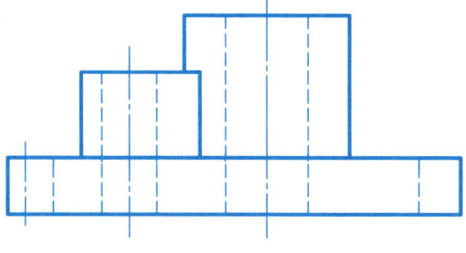

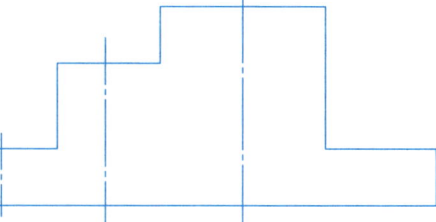

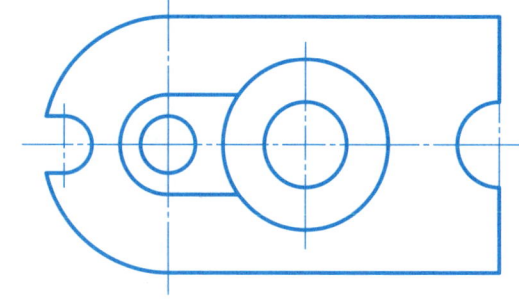

2. 将主视图改画为全剖视图。

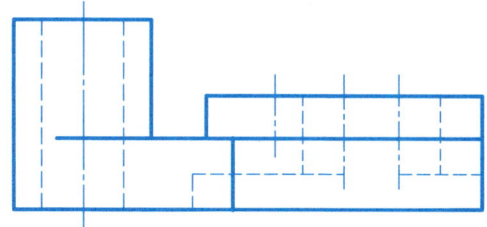

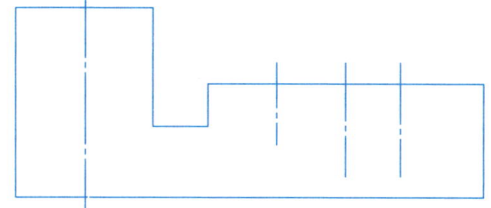

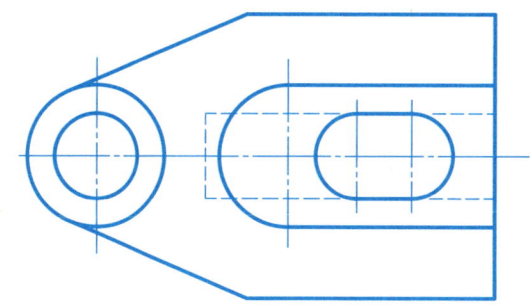

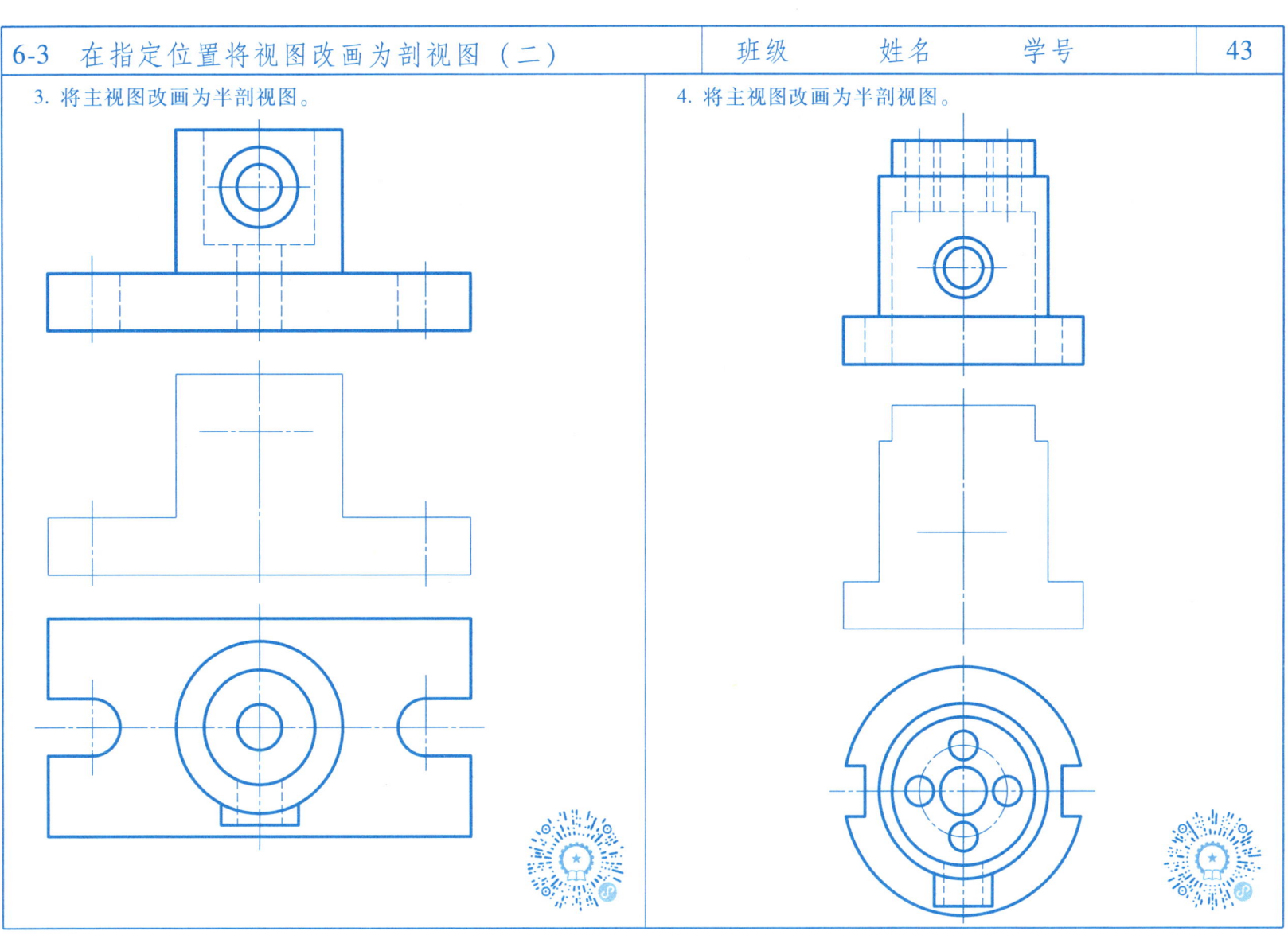

6-3 在指定位置将视图改画为剖视图（三） 班级　　姓名　　学号　44

5. 已知机件的三视图，在指定位置画出半剖的主视图和全剖的左视图。

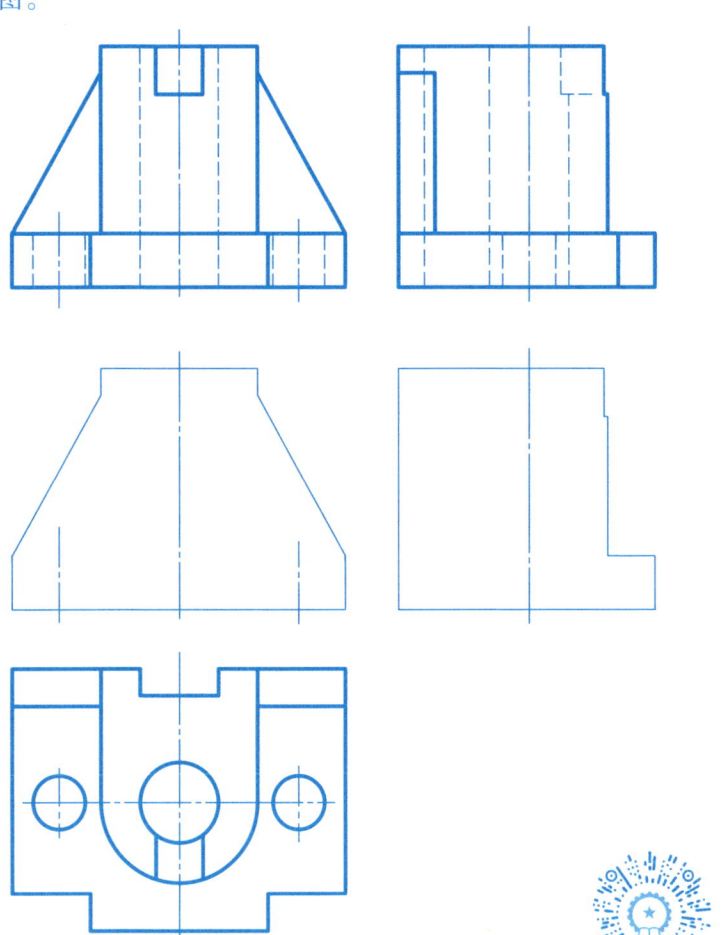

6. 已知机件的三视图，在指定位置画出半剖的主视图和全剖的左视图。

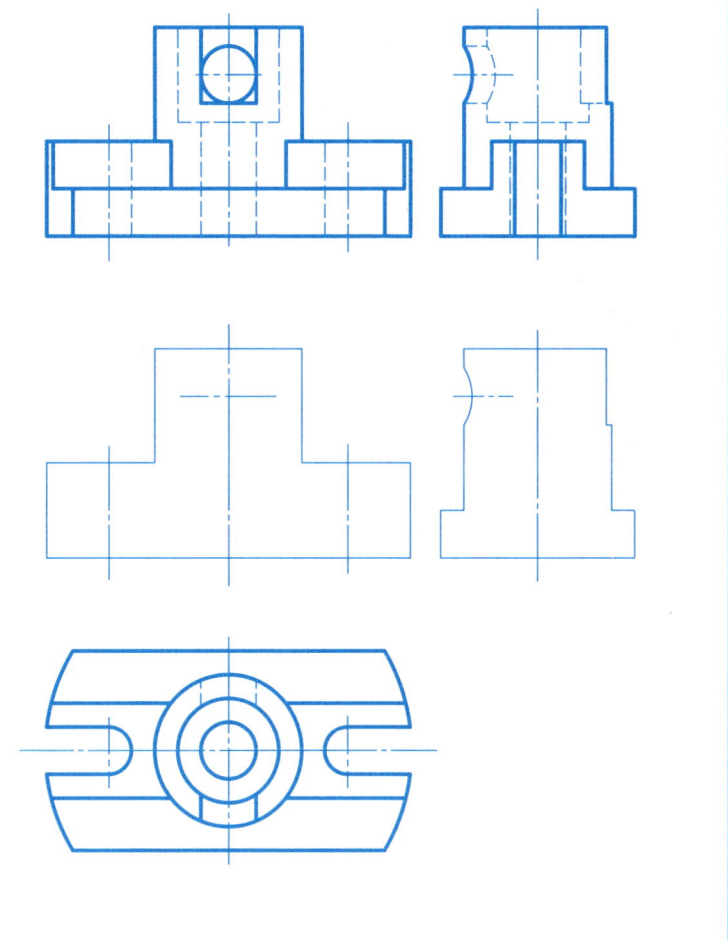

6-3　在指定位置将视图改画为剖视图（四）　　班级　姓名　学号　45

7. 根据左边的视图，把右边的图改画为局部剖视图。

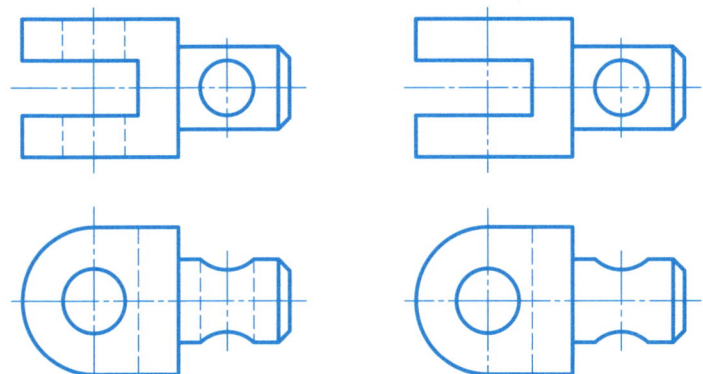

8. 根据左边的视图，把右边的图改画为局部剖视图。

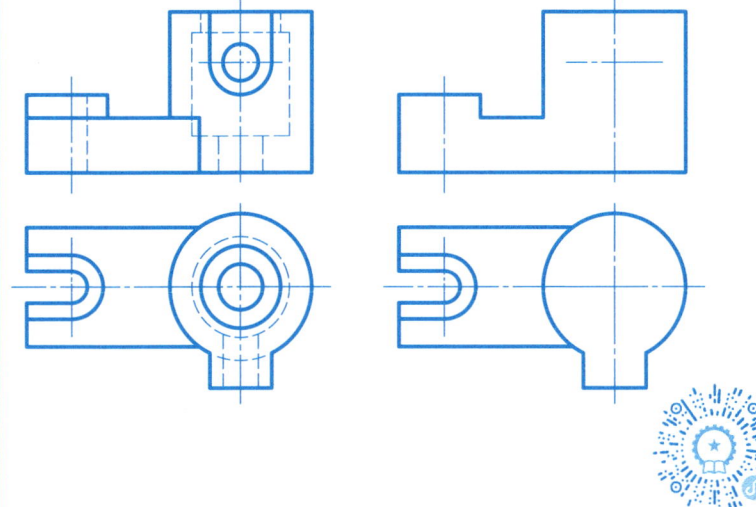

9. 将主视图改画为全剖视图。

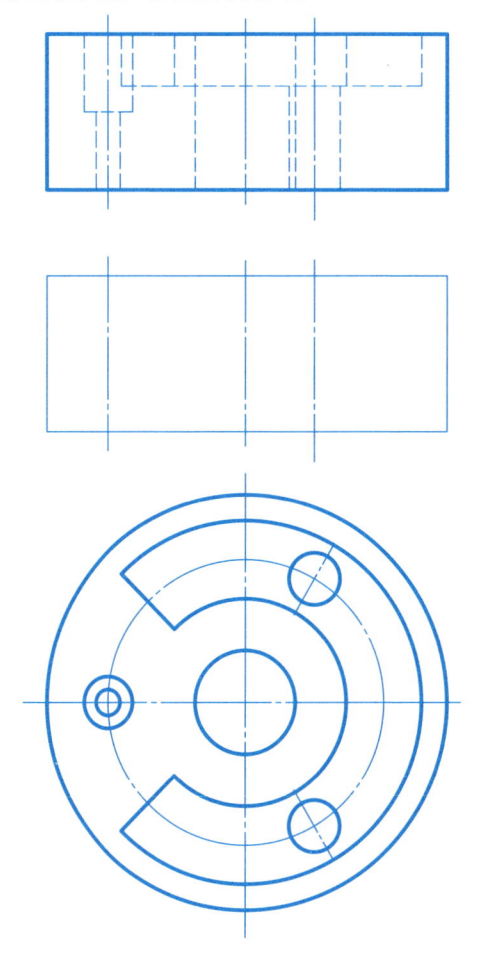

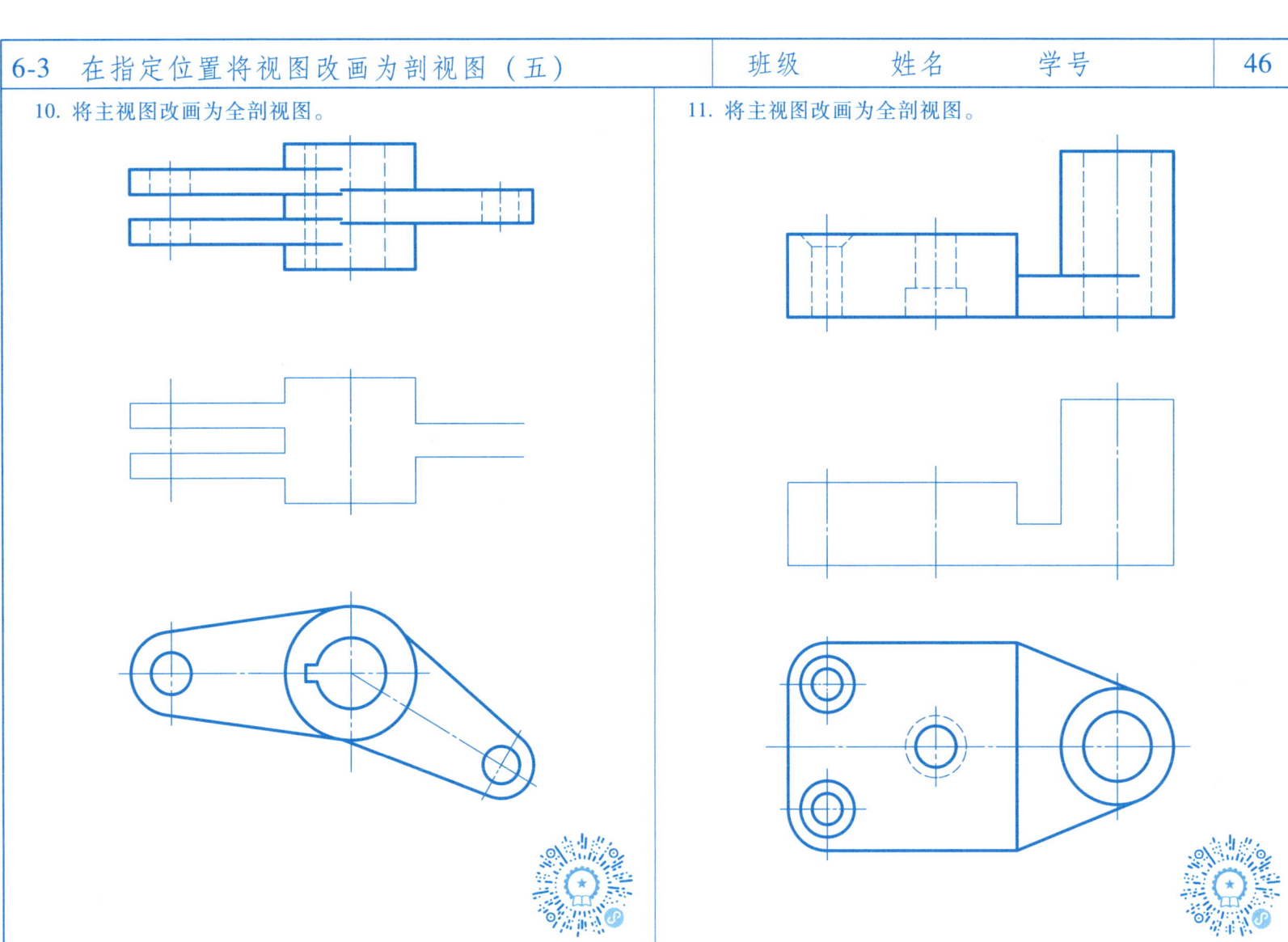

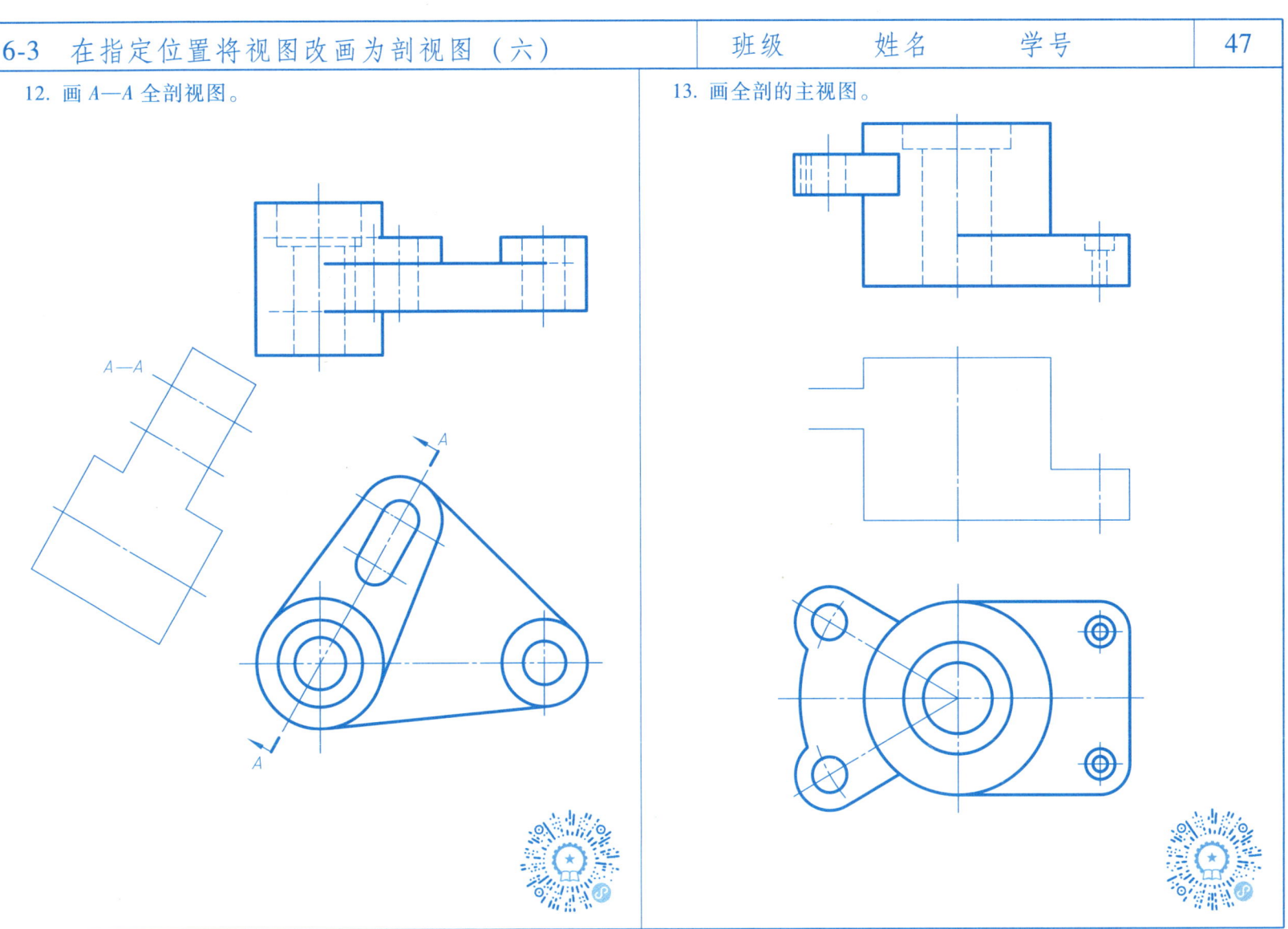

6-4 断面图及简化画法

1. 在指定位置画出铣平面、两处键槽（宽度与深度相同）及钻孔处的移出断面图。

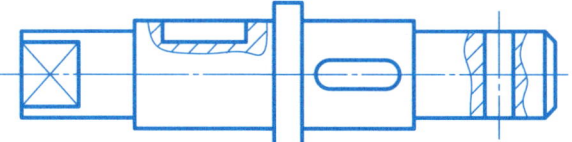

2. 根据主视图和左视图，画出指定位置处的断面图。

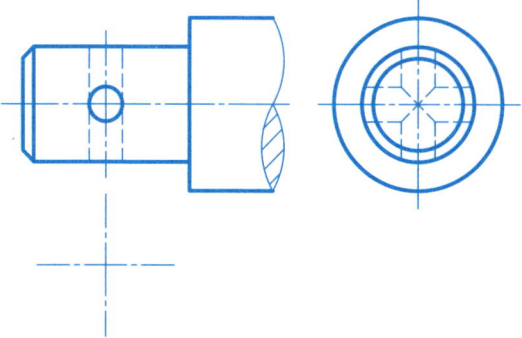

3. 在右侧将主视图改画为全剖视图。

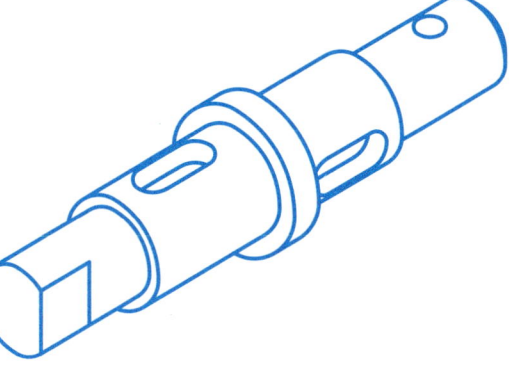

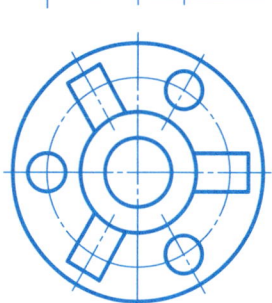

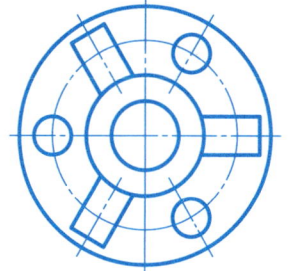

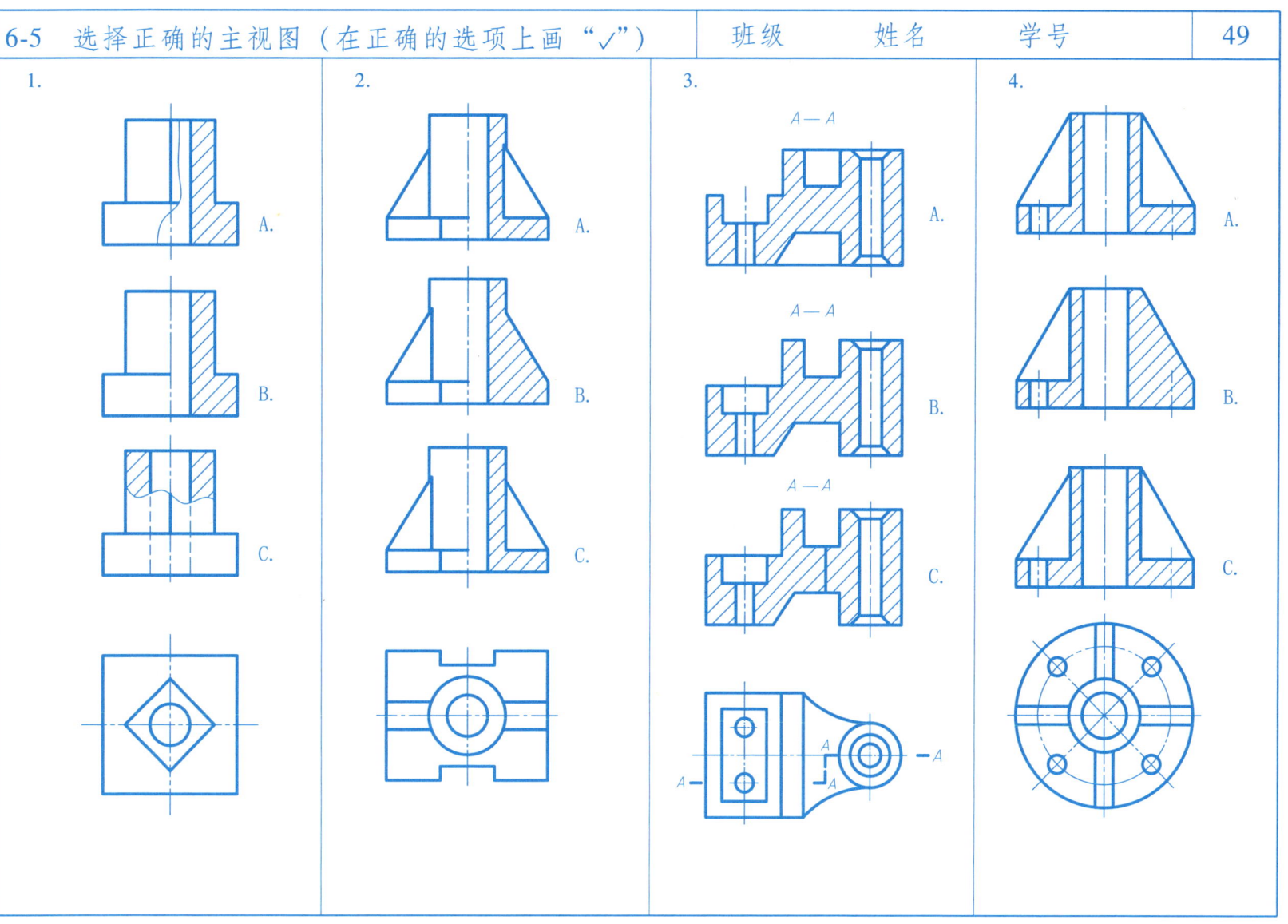

| 6-6　第三角画法 | 班级　　姓名　　学号 | 50 |

1. 根据轴测图画出三视图（用第三角画法）。

2. 用第三角画法补画左视图和仰视图。

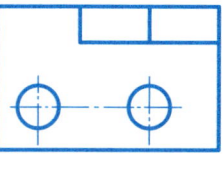

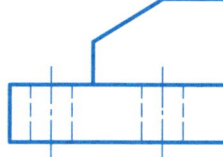 

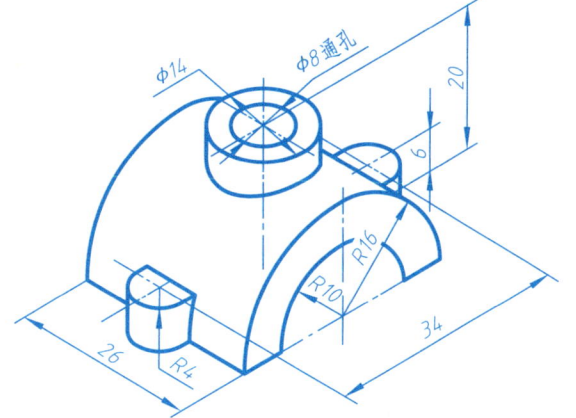

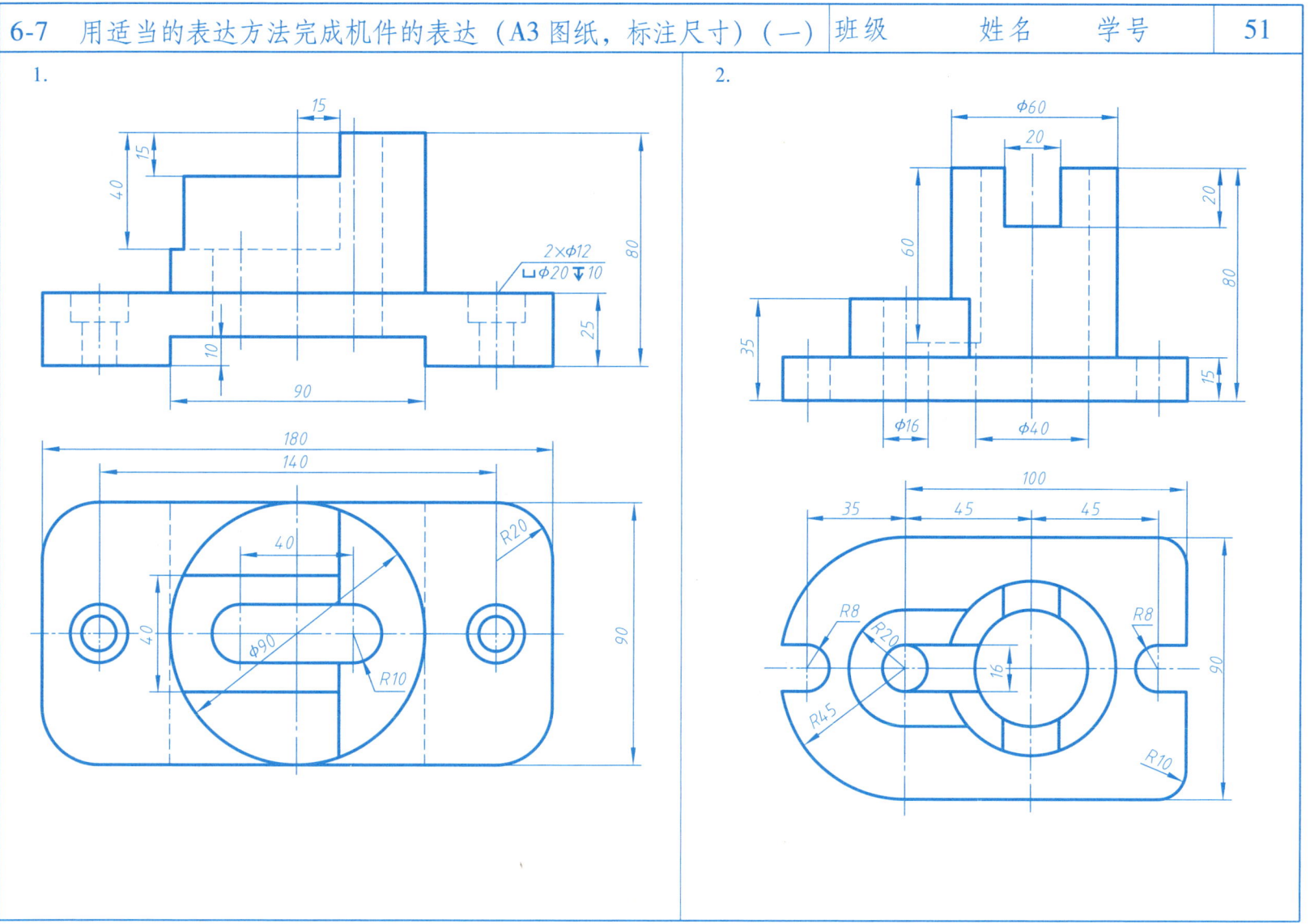

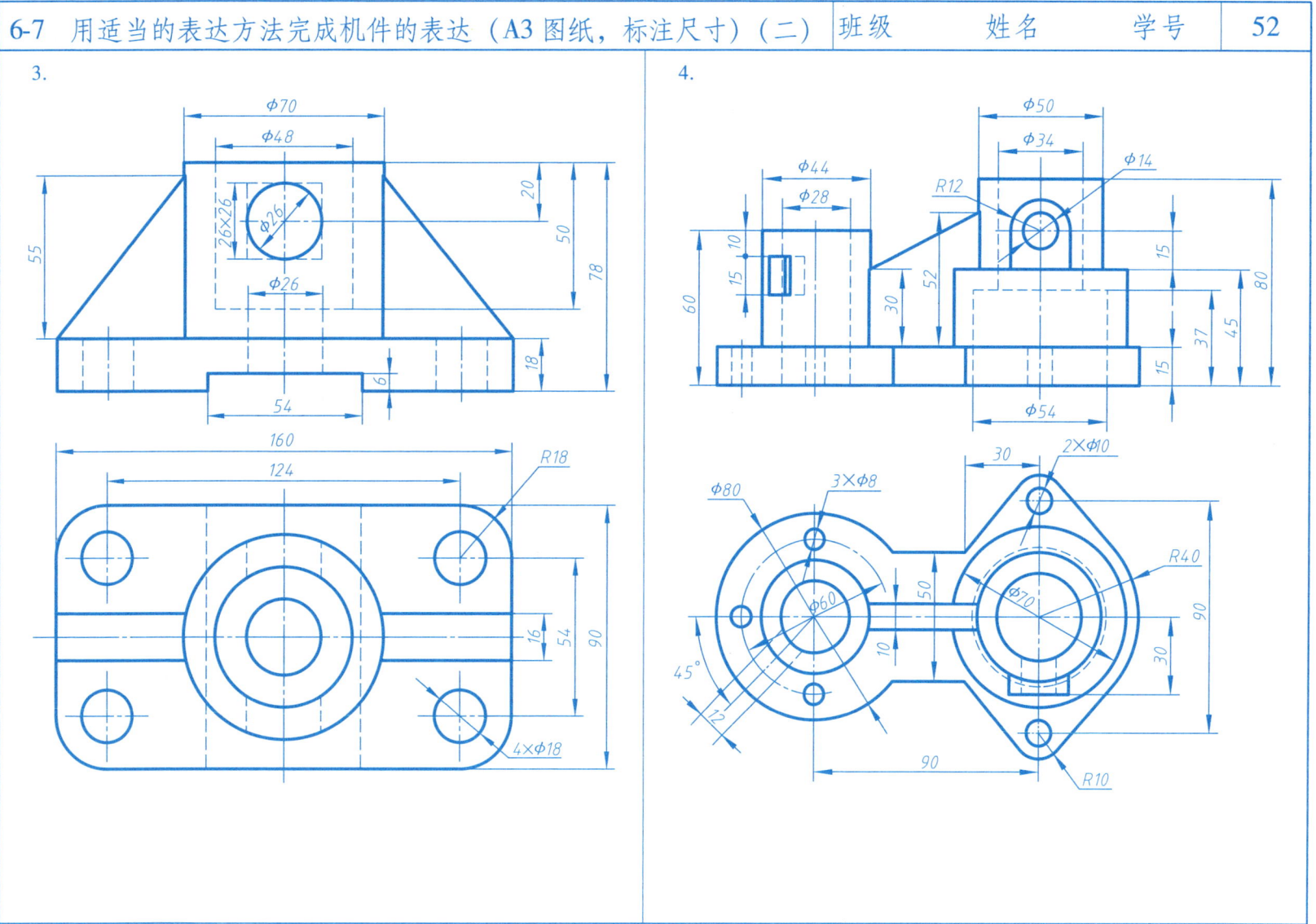

第7章 常用零部件和结构要素表示法

| 7-1 螺纹 | 班级　　姓名　　学号 | 53 |

1. 根据所给定的参数，绘制出螺纹的视图。

（1）外螺纹，M16，螺纹长25mm，画出主、左视图。　　（2）内螺纹，M16，螺纹深度为30mm，钻孔深度为35mm，画出主、左视图。　　（3）上述内、外螺纹旋合，旋合长度为20mm，画出主视图。

2. 根据螺纹标记，填写螺纹的各项参数。

螺纹标记	螺纹种类	公称直径	螺距	导程	线数	公差带代号	旋合长度	旋向
M16×1.5-5g6g-s								
M20-7H-LH								
Tr32×6-7H								
Tr40×14(P7)-7e								

螺纹标记	螺纹种类	尺寸代号	螺纹大径	螺纹小径	每25.4mm内的牙数	螺距	旋向
G3/8B-LH							
Rc1/8							
Rp1							
$R_1$3/4							

| 7-2 在图中标注螺纹的标记 | 班级　姓名　学号 | 54 |

1. 普通细牙螺纹，M10，螺距为1mm，单线，右旋，中、顶径的公差带分别为5g、6g，短旋合长度。

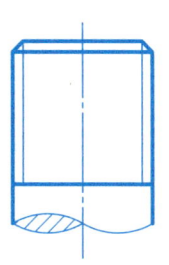

2. 梯形螺纹，公称直径为20mm，螺距为4mm，线数为2，左旋。

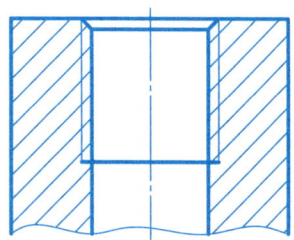

3. 55°密封管螺纹，圆锥内、外螺纹，螺纹的尺寸代号为3/8。

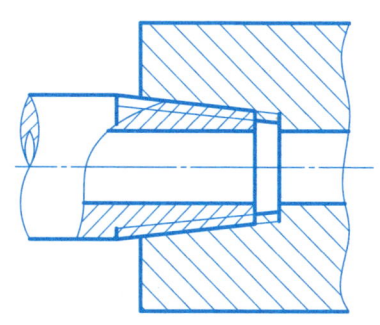

4. 普通粗牙螺纹，M20，单线，右旋，中、顶径的公差带代号都为6H，中等旋合长度。

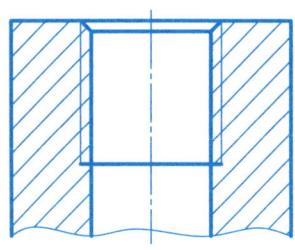

5. 55°非密封管螺纹，A级，螺纹尺寸代号为3/4，左旋。

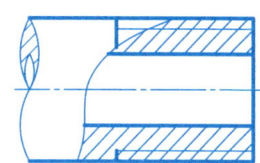

6. 55°密封管螺纹，圆锥内螺纹，螺纹的尺寸代号为1。

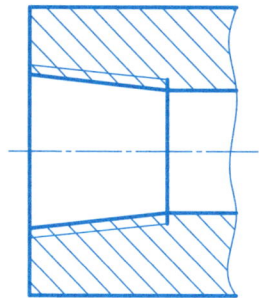

7-3 螺纹紧固件的画法（尺寸从图中按1:1的比例量取）　　班级　　姓名　　学号　　55

1. 选择适当的螺栓、螺母、垫圈，完成下图及其标记。

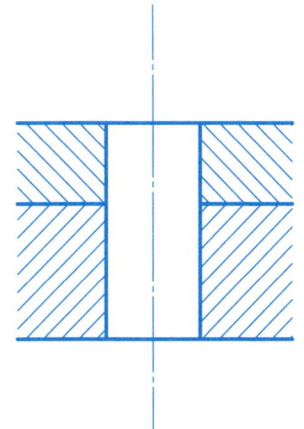

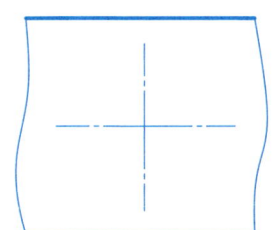

标记：_____

2. 选择适当的螺柱、螺母、弹簧垫圈，完成下图及其标记，被连接工件的材料皆为钢。

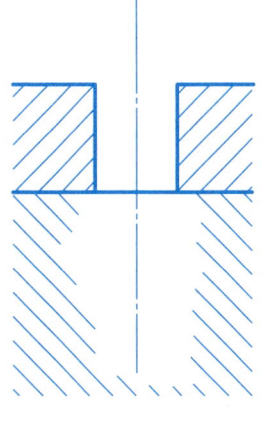

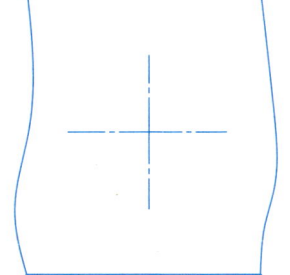

标记：_____

3. 选择适当的螺钉，完成下图及其标记，被连接工件的材料皆为钢。

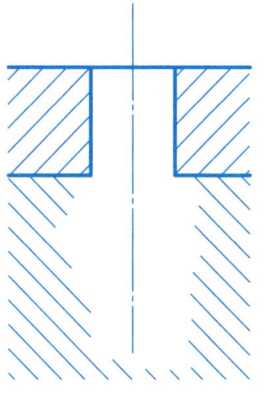

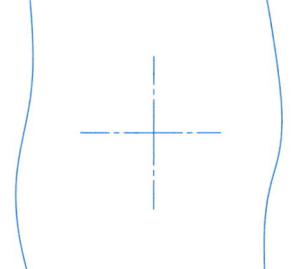

标记：_____

7-4 键、齿轮、销的画法

1. 已知一直齿圆柱齿轮，$m = 3$mm，$z = 20$，按 1:1 的比例画出其两视图，选择适当的普通平键，完成轴和毂上键槽的投影并标注尺寸，同时写出平键的标记。

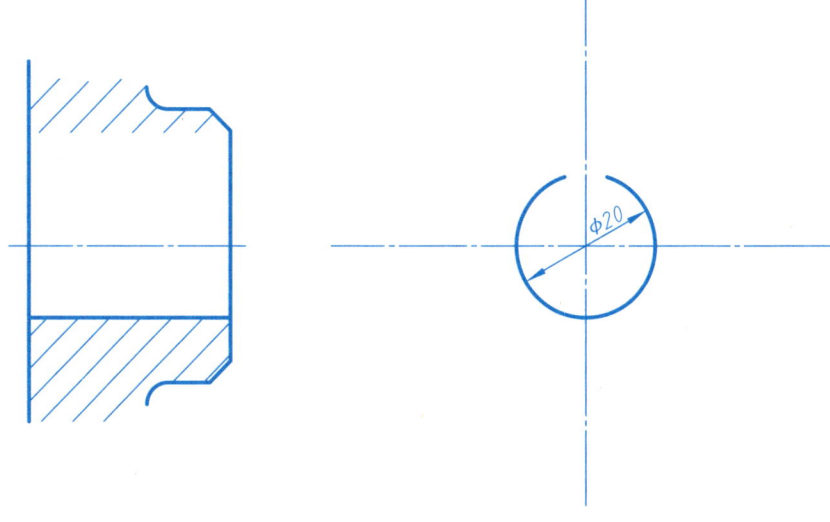

普通平键的标记：_____

2. 选择适当的圆柱销、圆锥销，完成下面的连接图，所需尺寸从图中按 1:1 的比例量取，并完成标记。

（1）圆柱销连接

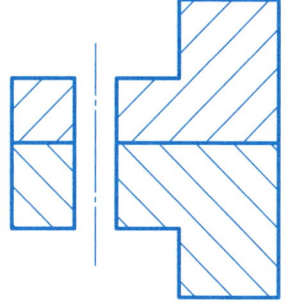

标记：_____

（2）圆锥销连接

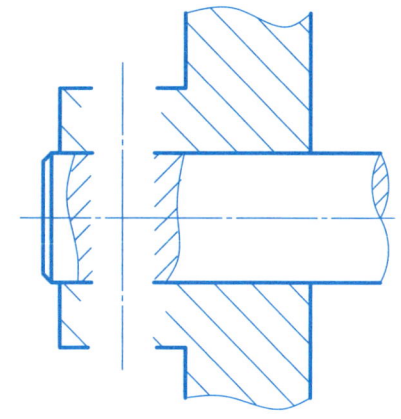

标记：_____

7-5 滚动轴承、弹簧的画法

1. 选择适当的深沟球轴承和圆锥滚子轴承，用规定画法完成下面的视图，所需尺寸按 1∶1 的比例从图中量取。

（1）深沟球轴承

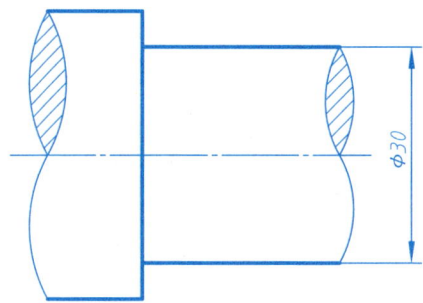

（2）圆锥滚子轴承

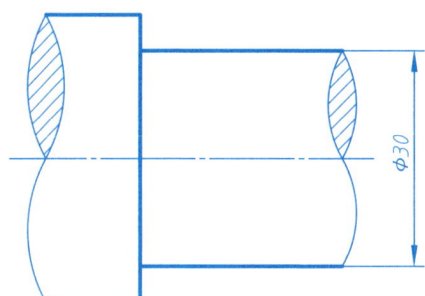

2. 已知圆柱螺旋压缩弹簧的簧丝直径为 6mm，弹簧中径为 45mm，节距为 15mm，有效圈数为 6.5，支承圈数为 2.5，右旋，用规定画法画出该弹簧的视图。

第 8 章 零件图

| 8-1 读轴零件图并回答问题 | 班级   姓名   学号 | 58 |

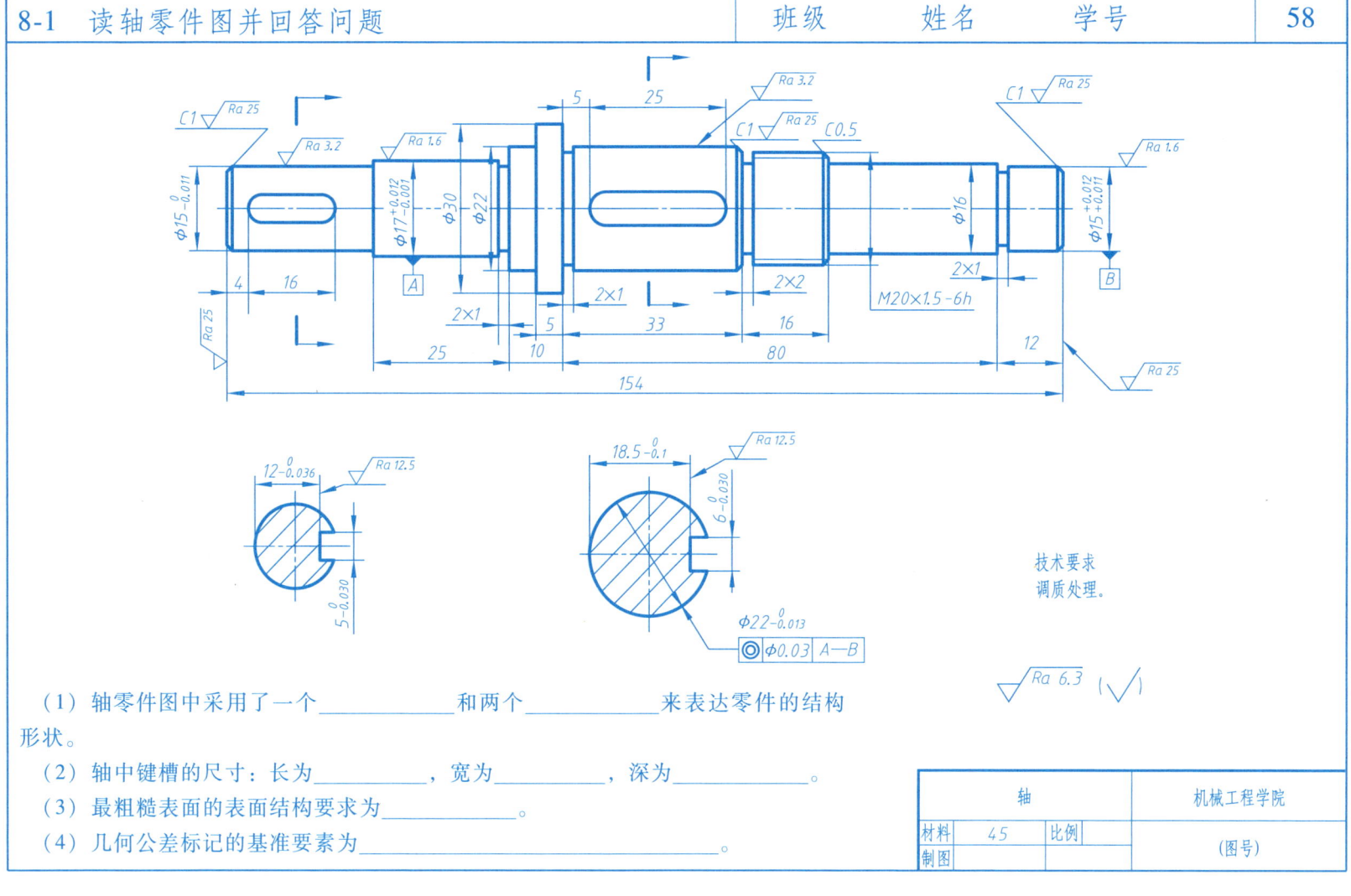

（1）轴零件图中采用了一个_____和两个_____来表达零件的结构形状。
（2）轴中键槽的尺寸：长为_____，宽为_____，深为_____。
（3）最粗糙表面的表面结构要求为_____。
（4）几何公差标记的基准要素为_____。

8-2 读端盖零件图并回答问题　　班级　　姓名　　学号　　59

（1）端盖零件图中用三个基本视图来表达出零件的结构形状，俯视图采用＿＿＿＿剖，左视图采用＿＿＿＿剖，为表达凸台的形状采用了＿＿＿＿图。

（2）在端盖零件图中指出尺寸标注长、宽、高三个方向的主要尺寸基准。

（3）两个配作的孔为＿＿＿＿孔。

（4）$\phi 16^{+0.027}_{\ 0}$ 尺寸标记中，公称尺寸为＿＿＿＿，上极限偏差为＿＿＿＿，下极限偏差为＿＿＿＿，上极限尺寸为＿＿＿＿，下极限尺寸为＿＿＿＿。

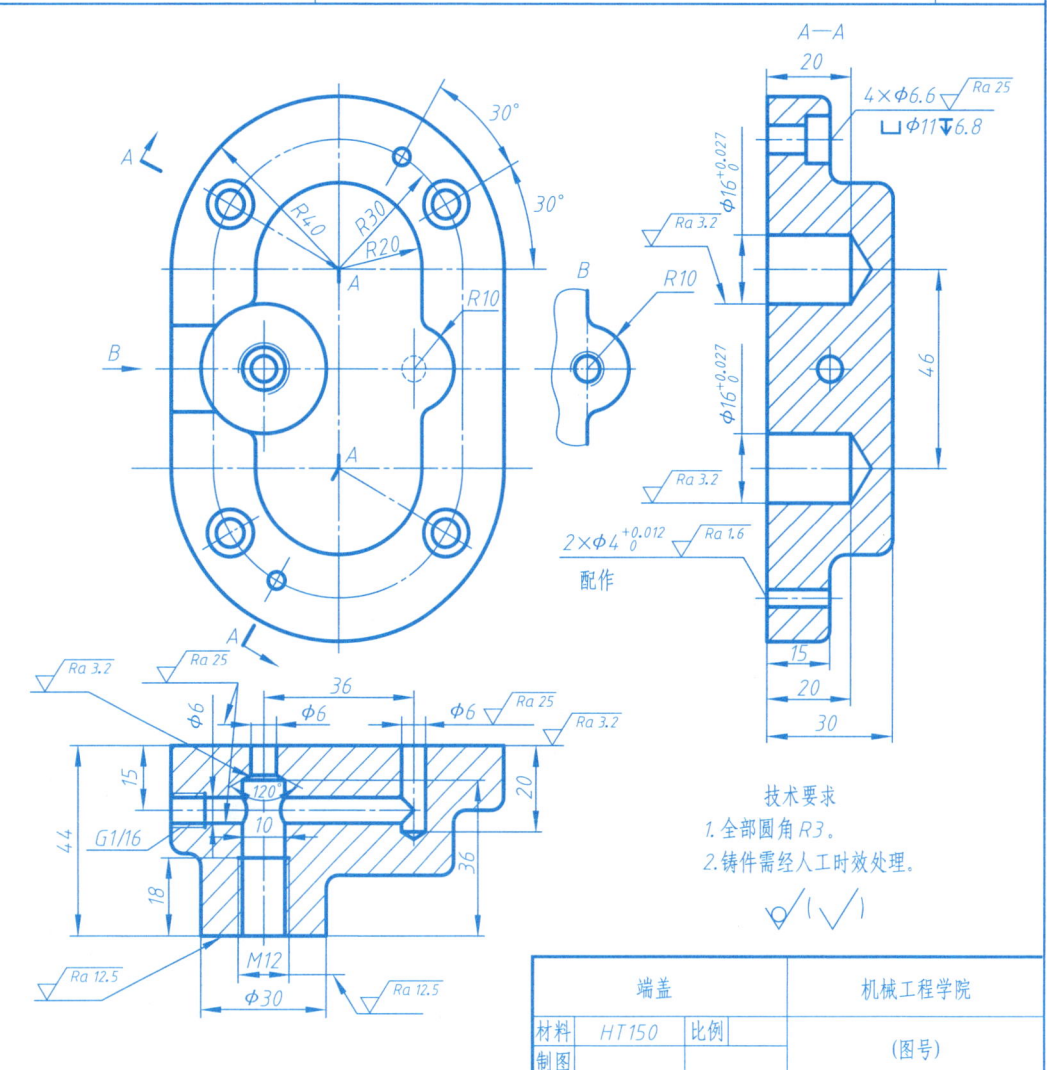

8-3 读叉架零件图并回答问题

（1）叉架零件图中采用了_____视图和_____视图两个基本视图来表达零件的结构形状，为明确表达肋板的厚度，采用了_____图。

（2）螺纹标记 M8×1-6H 中，M 是指_____，大径为_____，螺距为_____，旋向为_____，6H 为_____。

（3）最粗糙表面的表面结构要求为_____。

（4）该零件为铸件，铸造圆角为_____。

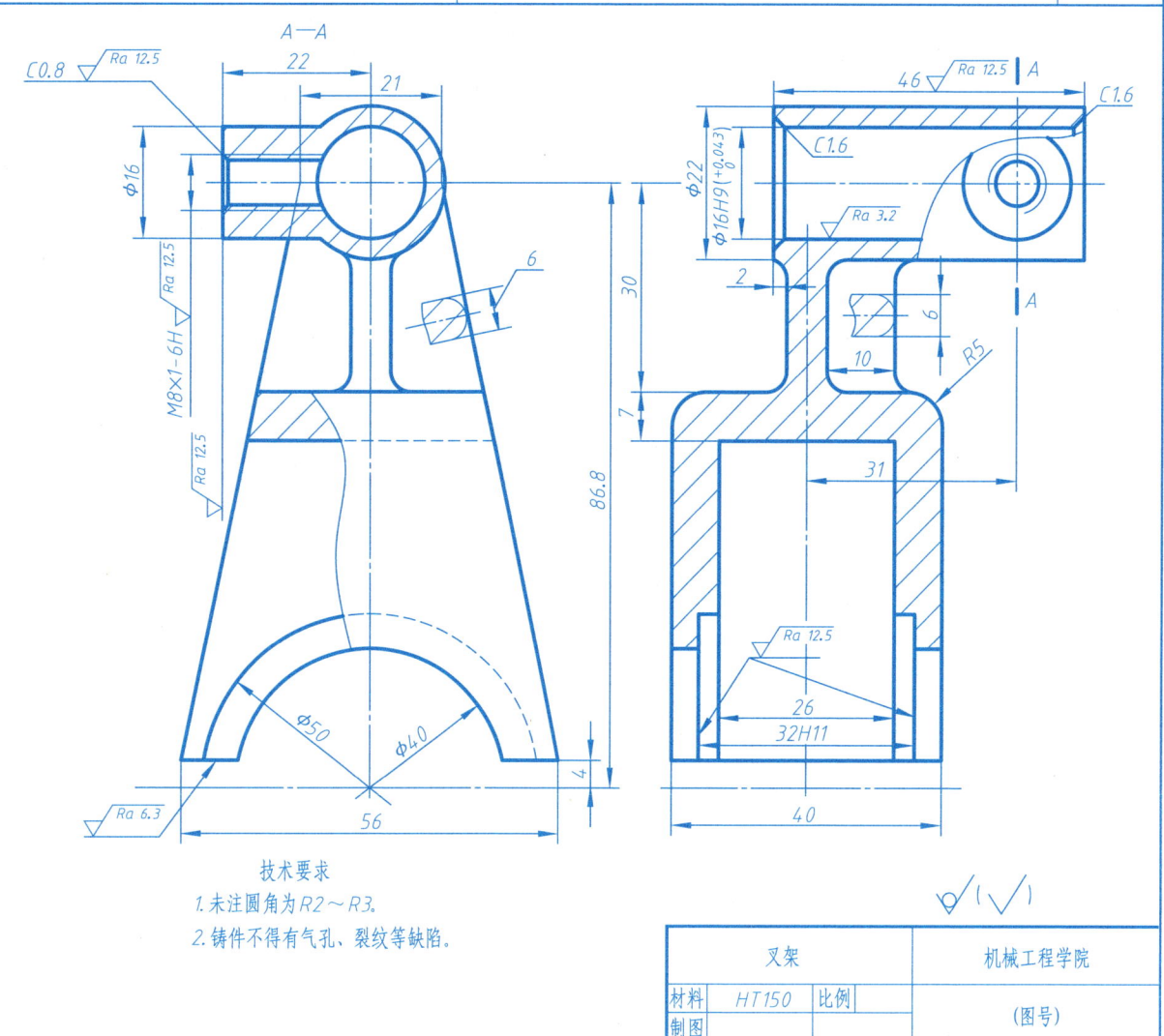

8-4 读阀体零件图并回答问题

（1）阀体零件图中采用了_____视图、_____视图和_____视图三个基本视图来表达零件的结构形状。

（2）阀体左端方板上，用于连接阀体零件的结构为_____连接，共_____处。

（3）未注圆角是否需要在图中画出？并解释未注圆角的意义。

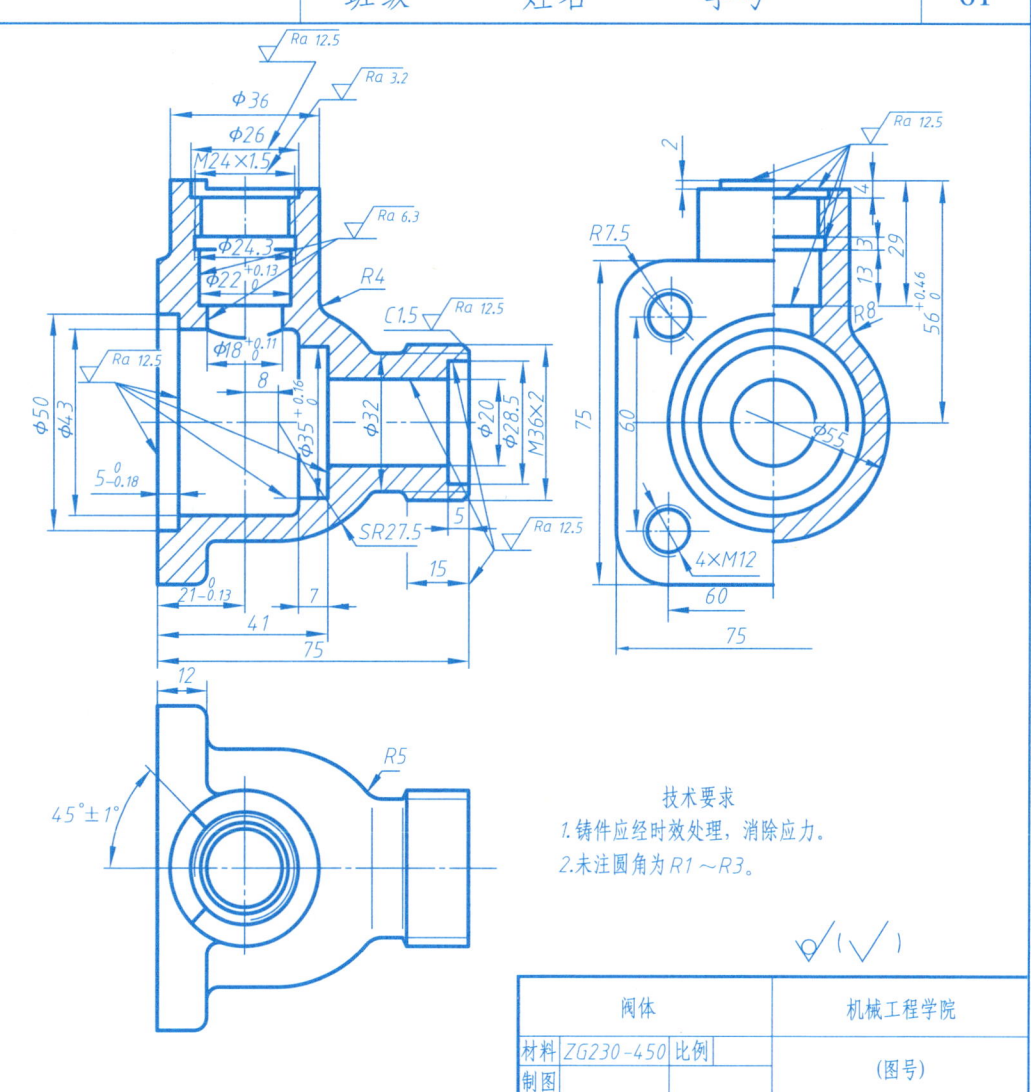

技术要求
1. 铸件应经时效处理，消除应力。
2. 未注圆角为 R1～R3。

阀体	机械工程学院
材料 ZG230-450 比例	(图号)
制图	

第 9 章　装配图

9-1　读装配图一（一）　　　班级　　姓名　　学号　　62

读懂 63 页换向阀装配图，并回答下列问题。

（1）该换向阀由_____种共_____个零件组成。

（2）主视图采用了_____剖的_____剖视图，剖切面与机件前后方向的_____重合，故省略了标注。

（3）在 63 页装配图所示状态下，换向阀右侧与_____连通，若手柄旋转 90°，则_____；若手柄旋转 180°，则_____。

（4）M28×1.5 表示_____螺纹，螺距为_____，旋向为_____。

（5）零件 3 的作用是_____。

（6）换向阀的外形尺寸为_____、_____、_____，安装尺寸为_____、_____、_____。

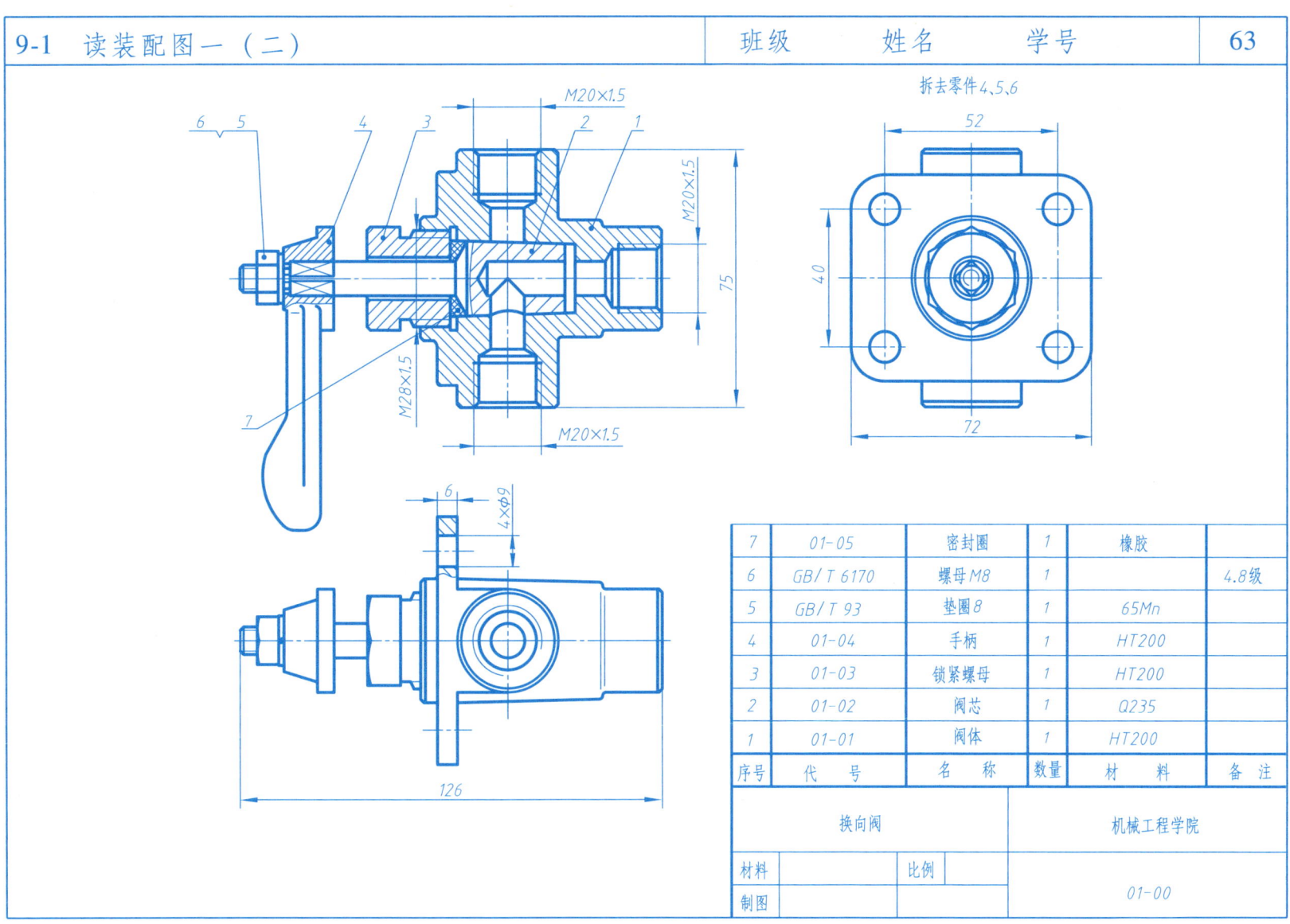

9-2　读装配图二（一）　　　　　　　　班级　　　姓名　　　学号　　64

读懂 65 页钻模装配图，并回答下列问题。
(1) 该钻模由_____种共_____个零件组成。
(2) 主视图采用了_____剖的_____剖视图，剖切面与机件前后方向的_____重合，故省略了标注。
(3) 底座的侧面有_____个弧形槽，与被加工工件的定位尺寸为_____。
(4) 零件 2（钻模板）上有_____个 φ10 孔，零件 3（钻套）的主要作用是_____。双点画线表示_____，是_____画法。
(5) φ22H7/g6 是零件_____和零件_____的配合尺寸，H7 表示_____，H 表示_____，7 表示_____。
(6) 简述工件的安装过程及加工结束后取下工件的操作过程。

(7) 与底座相邻的零件有_____（只写零件号）。
(8) 钻模的外形尺寸为_____、_____、_____。

9	GB/T 6170	螺母M10	1		6.8级
8	GB/T 119.1	圆柱销3×28	1	40	
7	02-07	衬套	1	45	
6	02-06	特制螺母	1	35	
5	02-05	开口垫圈	1	40	
4	02-04	轴	1	40	
3	02-03	钻套	3	T8	
2	02-02	钻模板	1	40	
1	02-01	底座	1	HT150	
序号	代　号	名　称	数量	材　料	备　注

钻模		机械工程学院
材料	比例	
制图		02-00

9-2 读装配图二(二)

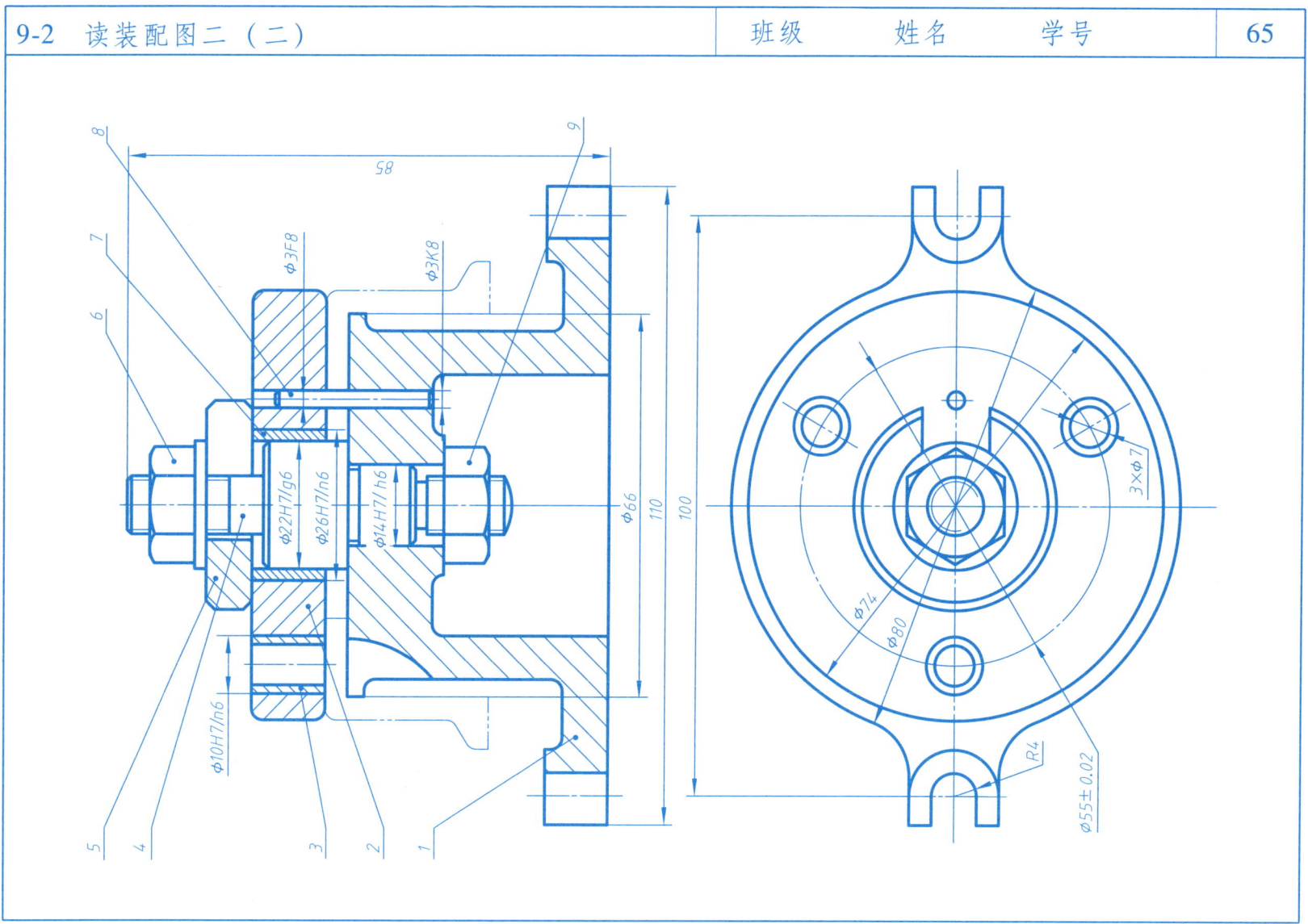

9-3　读装配图三（一）　　　　　班级　　　姓名　　　学号　　66

读懂 67 页立式柱塞泵装配图，并回答下列问题。

(1) 该柱塞泵由_____种共_____个零部件组成。

(2) $\phi 25 \dfrac{H7}{h6}$ 是零件_____和零件_____的配合尺寸，H 表示零件_____的基本偏差代号，h 表示零件_____的基本偏差代号，7 和 6 表示_____。

(3) 零件 1（泵体）与零件 5（导向轴套）之间是用_____连接的，零件 10（销）的作用是_____。

(4) 该柱塞泵的_____端为进油端。

(5) 柱塞泵的外形尺寸为_____、_____、_____。

(6) 拆画出零件 1（泵体）和零件 6（柱塞）的零件图。

12	03-06	弹簧	1	65Mn	
11		进油阀	1		外购件
10	GB/T 119.1	销4×10	1	35	
9	GB/T 882	销轴10×24	1	45	
8	GB/T 276	滚动轴承6010	1		
7	GB/T 91	销2×14	1	Q215-A	
6	03-05	柱塞	1	45	
5	03-04	导向轴套	1	35	
4	03-03	垫片2	1	T2	
3	03-02	垫片1	2	T2	
2		出油阀	1		外购件
1	03-01	泵体	1	HT150	
序号	代　号	名　称	数量	材　料	备注

立式柱塞泵	机械工程学院
材料　　　　　比例	
制图	03-00

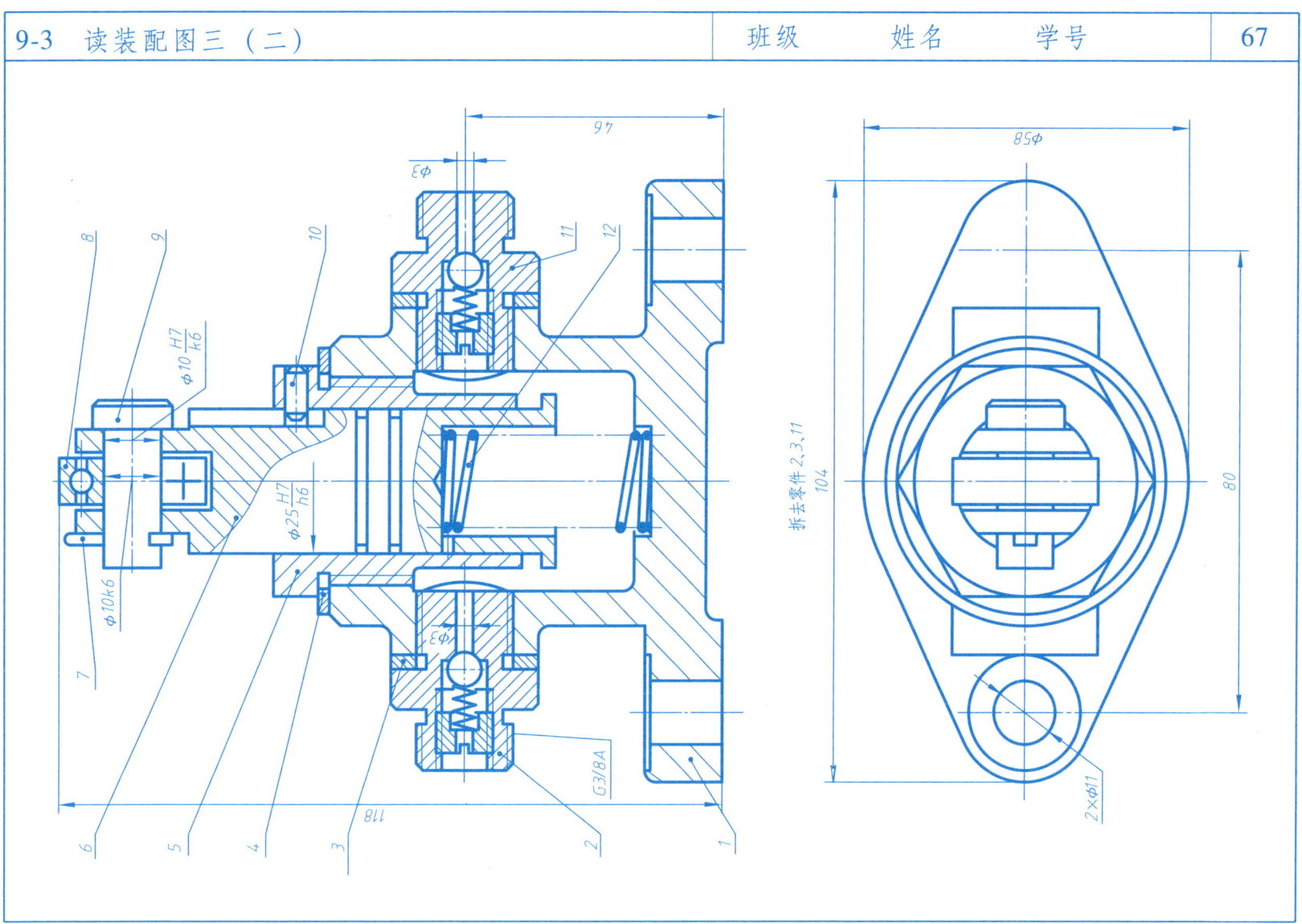

第 10 章　电气工程图

| 10-1　改正电路图中的错误 | 班级　　姓名　　学号 | 68 |

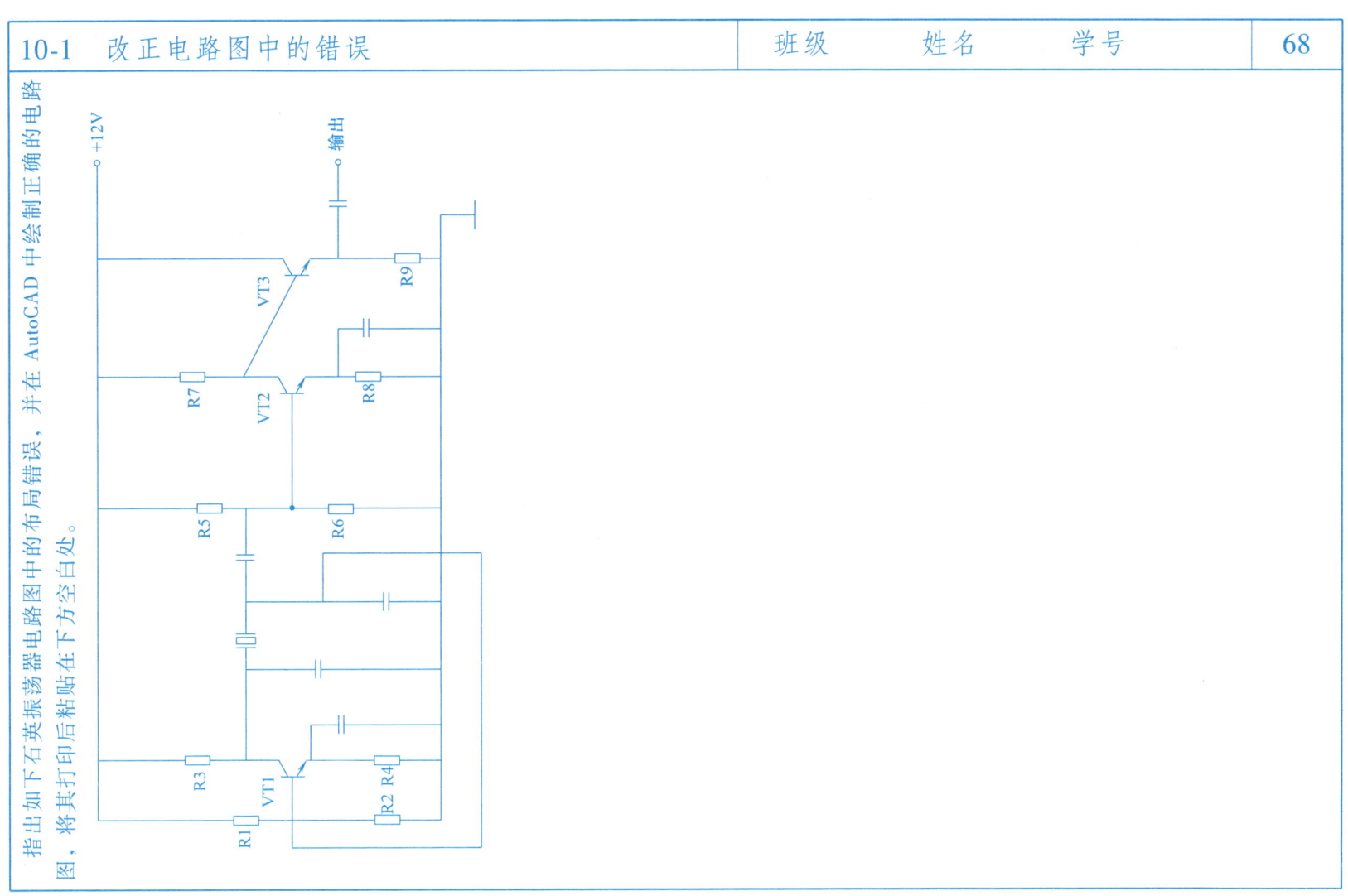

指出如下下石英振荡器电路图中的布局错误，并在 AutoCAD 中绘制正确的电路图，将其打印后粘贴在下方空白处。

| 10-2 抄画原理图 | 班级　　姓名　　学号 | 69 |

在 AutoCAD 中抄画如下单脉冲触发器的原理图，将其打印后粘贴在下面的空白处。

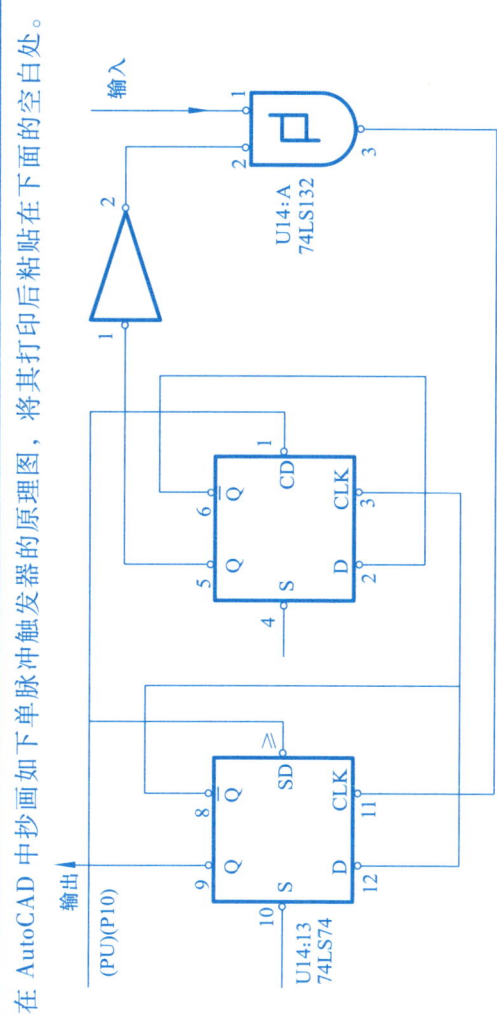

第 11 章 AutoCAD 基础

11-1 用 AutoCAD 抄画图形并标注尺寸（一）

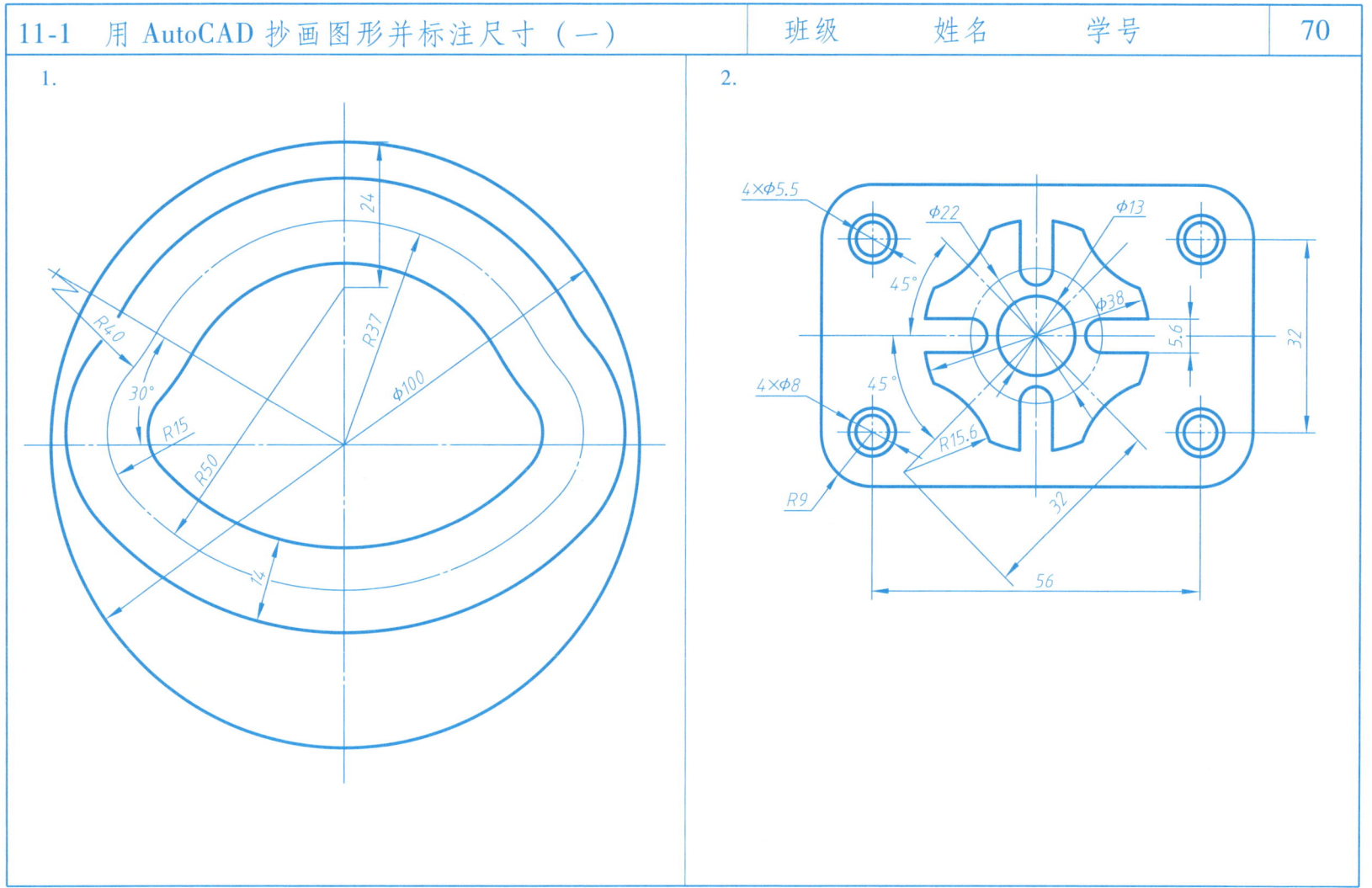

1.

2.

11-1 用 AutoCAD 抄画图形并标注尺寸（二） 71

3.

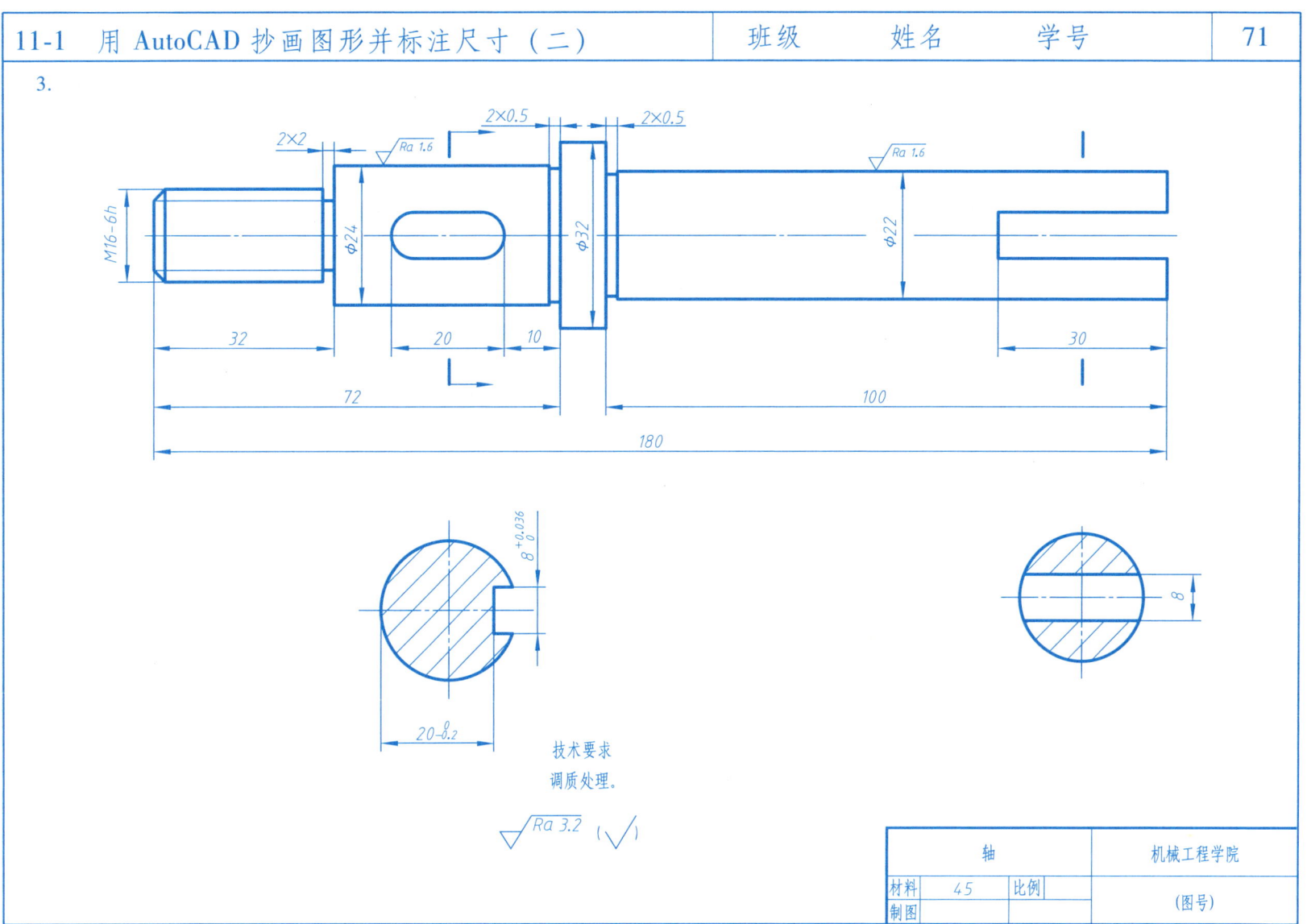

第 12 章 SOLIDWORKS 基础

12-1 用 SOLIDWORKS 完成基本形体、组合体建模

班级　　姓名　　学号　　72

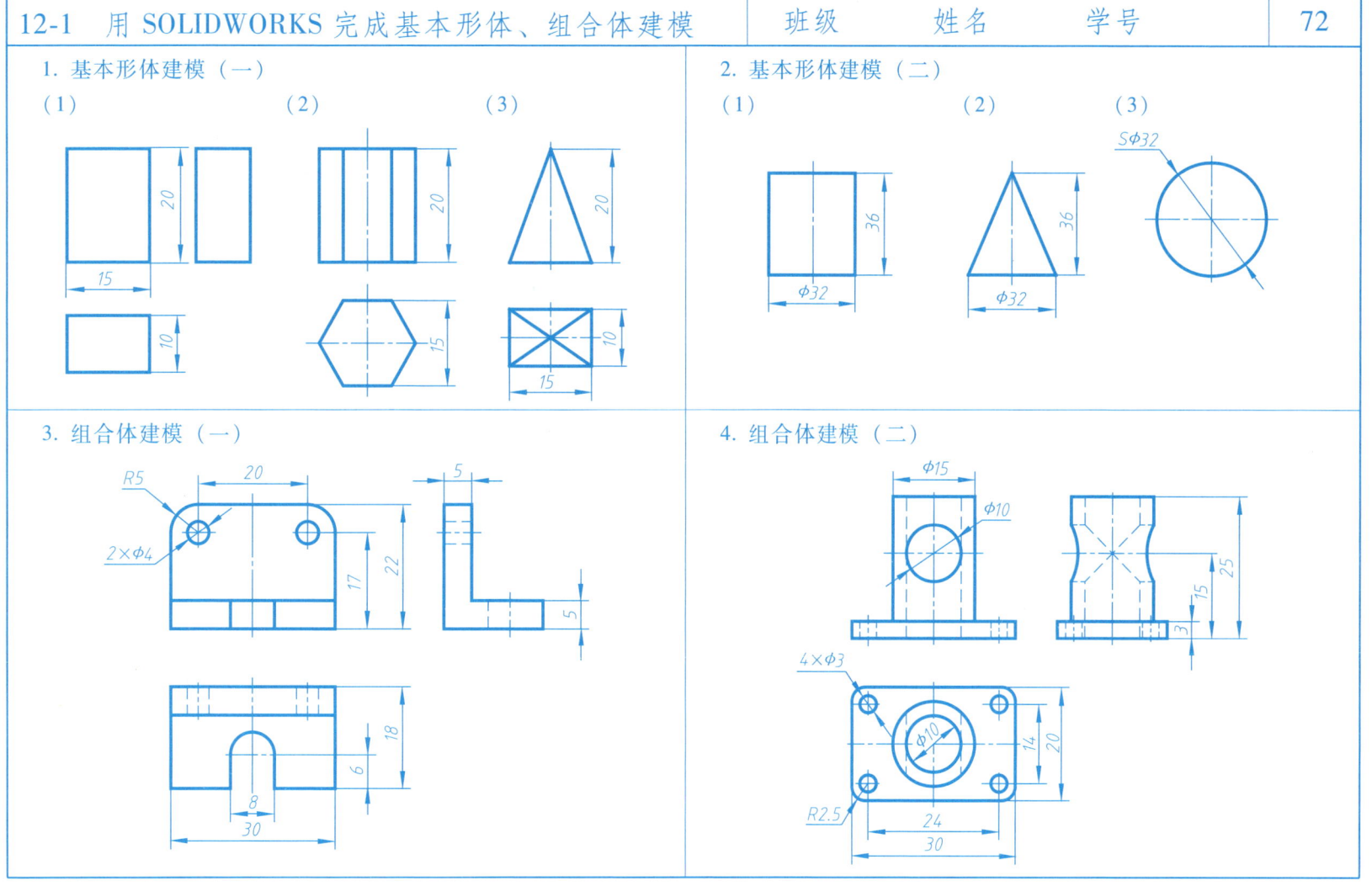

1. 基本形体建模（一）
   （1）　（2）　（3）

2. 基本形体建模（二）
   （1）　（2）　（3）

3. 组合体建模（一）

4. 组合体建模（二）

12-2　SOLIDWORKS 三维建模综合练习

1.

2.

参 考 文 献

[1] 张彤,刘斌,焦永和. 工程制图习题集 [M]. 3版. 北京:高等教育出版社,2020.
[2] 刁修慧,钱文伟. 工程制图习题集 [M]. 3版. 北京:高等教育出版社,2021.
[3] 王兰美,殷昌贵. 工程制图习题集 [M]. 3版. 北京:机械工业出版社,2014.
[4] 刘伟,张建军. 工程图学基础习题集 [M]. 3版. 北京:机械工业出版社,2018.
[5] 钱可强,何铭新,徐祖茂. 机械制图习题集 [M]. 7版. 北京:高等教育出版社,2015.
[6] 黄海,葛艳红,陈云. 画法几何及机械制图习题集 [M]. 北京:清华大学出版社,2019.
[7] 胡建生. 机械制图习题集 [M]. 2版. 北京:机械工业出版社,2020.
[8] 阮春红,朱洲,陶亚松,等. 画法几何及机械制图习题集 [M]. 8版. 武汉:华中科技大学出版社,2021.
[9] 张莹,刘永田. 画法几何与机械制图习题集 [M]. 4版. 北京:北京航空航天大学出版社,2016.
[10] 燕浩,苏晓珍. 画法几何及机械制图习题集 [M]. 武汉:武汉大学出版社,2017.